TOBIAS EPPLE

VERTRIEB IST CHEFSACHE!

Vertriebsführung mit System: Warum der Vertrieb

das Herzstück Deines Unternehmens

ist und warum Du nur mit

systematischer Führung skalieren kannst.

Chefsache Vertrieb

Vertriebsführung mit System: Warum der Vertrieb das Herzstück Deines Unternehmens ist und warum Du nur mit systematischer Führung richtig skalieren kannst

Copyright © 2023
StudyHelp GmbH, ForwardVerlag, Paderborn
WWW.FORWARDVERLAG.DE

1. Auflage

Autor: Tobias Epple

Redaktion & Satz: Daniel Weiner
Korrektorat: StudyHelp
Kontakt: info@forwardverlag.de
Umschlaggestaltung, Illustration: Sabrina Kleiber
Expertengespräche & Support: Bettina Allgaier, Jaqueline Altindil
Druck: mediaprint solutions GmbH

Disclaimer / Haftungsausschluss

Die Erstellung dieses Dokumentes erfolgte mit höchster Sorgfalt, dennoch behalten wir uns ausdrücklich Änderungen, Irrtümer, Auslassungen und Fehler vor.

978-3-98755-058-4

Inhaltsverzeichnis

Inhalt
Expertenbeiträge

1
Chefsache Vertrieb

Viele CEOs verstehen Vertrieb nicht mehr. Sie delegieren den Verkauf an externe Partner oder an isoliert agierende Abteilungen innerhalb des Unternehmens, wodurch die Vertriebskompetenz im Unternehmen stetig abnimmt. Dabei ist die Vertriebsorientierung und die Beteiligung des CEOs an Vertriebsprozessen entscheidend für den Unternehmenserfolg. Der Vertrieb ist das Herz eines jeden Unternehmens, denn ohne erfolgreichen Vertrieb besteht langfristig kein Unternehmen am Markt. Erfolgreiche Unternehmen mit jahrzehntelang optimierten Vertriebsstrategien wie Würth, Vorwerk oder Hilti beweisen dies. Basierend auf dem Prinzip „Verkaufen mit Herz" erklärt Tobias Epple in „Chefsache Vertrieb", warum Du als CEO, Vertriebsleiter oder Unternehmer Vertrieb wieder in den Mittelpunkt Deines Unternehmens stellen solltest. Es ist an der Zeit, dass Du dem Vertrieb durch die Fokussierung auf die Grundwerte Deines Unternehmens wieder die Rolle zuschreibst, die er verdient. So kannst Du die neue Generation der Verkäufer, die neue Anforderungen stellen, sinnvoll führen und zur Bestleistung motivieren. Durch den Aufbau und die Pflege von Vertriebskompetenz sowie einer wertebasierten Vertriebskultur kannst Du die Kundenloyalität und den Umsatz Deines Unternehmens effektiv und nachhaltig steigern. Dieses Buch richtet sich an alle, die im Vertrieb tätig sind und ihre Fähigkeiten verbessern möchten. Dieses Buch liefert Dir die nötige Inspiration, um frischen Wind in Deine Vertriebsstrategie zu bringen und das Beste aus Deinem Vertriebsteam herauszuholen. Der Autor Tobias Epple ist Verkäufer und Unternehmer mit über 15 Jahren Erfahrung. In „Chefsache Vertrieb" erläutert er anschaulich die Vertriebspraktiken, die er im Laufe der Jahre als Führungskraft im Finanzvertrieb und im Consulting von Unternehmen mit einem Team aus mehr als 100 Verkäufern und Vermittlern sowie als Unternehmer entwickelt und verfeinert hat.

Ich sage Danke

Meiner Frau Jessica und meinen beiden Söhnen Nico und Marco.

Zudem widme ich dies Buch allen Menschen, die sich mit Vertrieb beschäftigen – auf allen Ebenen, als Verkäufer oder Verkäuferin, als Führungskraft, als Unternehmensinhaber oder Unternehmensinhaberin. Wir brauchen Euch, die Wirtschaft wächst nur, wenn Vertrieb funktioniert.

Danke, dass es Euch gibt!

Ein kurzer Hinweis vorweg

Liebe Leserin, lieber Leser,

beim Verfassen dieses Buches stand vor allem der Inhalt und dessen Verständlichkeit im Vordergrund. Aus diesem Grund wurde in den meisten Fällen die grammatisch männliche Form gewählt, allerdings ohne Absicht, bestimmte Geschlechter zu bevorzugen oder zu vernachlässigen.

Diese Wahl der Sprachform stellt keineswegs eine Geringschätzung oder Nichtanerkennung anderer Geschlechteridentitäten dar. Sie ist ein pragmatischer Ansatz, der darauf abzielt, den Text flüssig und verständlich zu halten.

Die Verwendung der männlichen Form solltest Du bitte als generisches Maskulinum verstehen. Sie soll alle Geschlechter gleichermaßen ansprechen und einbeziehen. Es ist meine feste Überzeugung, dass Sprache dazu dient, uns alle zu verbinden, und nicht, uns zu trennen.

Danke für Dein Verständnis und viel Spaß beim Lesen dieses Buches!

2
Vorwort
Dr. Eric Schweitzer

Nach über 30 Jahren als Familienunternehmer habe ich gelernt, dass Erfolg äußerst flüchtig ist und immer wieder aufs Neue erarbeitet werden muss. Auf dieser Reise weht der Wind mal von vorn, mal gibt er Schub von hinten. Doch für anhaltenden Erfolg über Jahrzehnte sind nicht die äußeren Umstände entscheidend, sondern die richtige Reaktion darauf. Hier kommt der Vertrieb ins Spiel. Er baut die Brücke zum Kunden und legt als Wachstumsmotor - gerade in Krisenzeiten - den Grundstein für wirtschaftlichen Erfolg. Denn letztendlich ist es immer der Kunde, der für die angebotenen Produkte und Dienstleistungen bezahlt und damit das gesamte Unternehmen finanziert. Daher war es für mich immer von größter Bedeutung, über den Vertrieb möglichst viele Kunden zu gewinnen, zu binden und zu Fans unserer Dienstleistungen zu machen. Im Laufe meiner Karriere wurde der Vertrieb immer wieder totgesagt. Formale Ausschreibungen, massenhafte Postwurfsendungen, Telefonkaltakquise, Marketing-Mails oder Online-Shops - all dies sollte den Vertrieb revolutionieren oder gar ersetzen. Doch diese und andere Entwicklungen ergänzen den Vertriebserfolg lediglich, sie machen die eigentliche Vertriebsarbeit aber keineswegs obsolet. Bei allem Fortschritt darf man sich nicht verzetteln und die Dinge verkomplizieren. Im

Kern bleibt es bei der alten Weisheit: Vertrieb kommt von vertreiben. Dies bedeutet das Vertreiben von Kundeneinwänden, das Vertreiben von Ängsten in der Vertriebsmannschaft vor einer notwendigen Preiserhöhung oder das Vertreiben von Ausreden, die das schlechte Marktumfeld für schwache Zahlen verantwortlich machen. Wer am besten vertreibt und begeistert, gewinnt und bindet die meisten Kunden. Natürlich ist das leichter geschrieben als umgesetzt. Natürlich muss auch der Vertrieb mit der Zeit gehen.

Die jüngsten und beeindruckenden Fortschritte im Bereich der künstlichen Intelligenz etwa lassen erwarten, dass bestehende Vertriebsstrukturen aufgebrochen und deutlich effizienter sowie schlagkräftiger werden. Dies erfordert eine konstante Bereitschaft zur Veränderung. In meiner Funktion als Inhaber und CEO habe ich es daher immer als eine meiner zentralen Aufgaben angesehen, die Rahmenbedingungen für zeitgemäßen Vertriebserfolg in einer sich ständig wandelnden Geschäftswelt zu schaffen und neue Impulse zu setzen. Für mich ist und bleibt Vertrieb damit Chefsache. Deshalb kann ich Ihnen zur Wahl dieses Buches nur gratulieren. Es schärft den notwendigen Fokus auf die Vertriebsarbeit, erklärt erfolgsversprechende Strukturen und Führungsansätze und verknüpft dies mit einer spannenden Mischung aus bewährtem Handwerkszeug und zukunftsweisenden Ideen. Am klar verständlichen Schreibstil merkt man sofort, dass hier ein echter Vertriebsexperte am Werk ist.

Ich wünsche Ihnen viel Freude bei der Lektüre und im Anschluss maximalen Erfolg beim Vertreiben.

Ihr Eric Schweitzer

Über Dr. Eric Schweitzer

Dr. Eric Schweitzer wurde in Ipoh, Malaysia, geboren und lebt in Berlin. Nach seinem Studium der Betriebswirtschaftslehre an der Freien Universität in Berlin und einem kurzen Aufenthalt in den USA trat er in das von seinem Vater gegründete Recyclingunternehmen ALBA ein. Dort verantwortete er insbesondere den Aufbau und die Aktivitäten in den neuen Bundesländern und wurde später in den Vorstand der ALBA Group berufen. Zudem war er Mitglied des Präsidiums des Bundesverbandes der Deutschen Entsorgungswirtschaft und Vizepräsident der Europäischen Föderation der Entsorgungswirtschaft in Brüssel. Schweitzer wurde zunächst zum Präsidenten der Industrie- und Handelskammer Berlin und später zum Präsidenten der Deutschen Industrie- und Handelskammer gewählt. Seitdem ist er Ehrenpräsident beider Kammerorganisationen. Er hat viele weitere Mandate und Ehrenämter inne, unter anderem ist er Vorsitzender des Kuratoriums der Friede Springer Stiftung.

3
Grußwort Stefan Siebert

Liebe Leserinnen und Leser,

es kommt nicht von ungefähr, dass der Autor des Buches, das Sie gerade in den Händen halten, im Hauptberuf Führungskraft im Vertrieb bei der größten Landesbausparkasse Deutschlands ist. Der Vertrieb entwickelt sich, getrieben insbesondere von den Fortschritten in der Digitalisierung, mit großem Tempo weiter. Das gilt ganz besonders im Bereich der Finanzdienstleistungen mit seiner vermeintlich leichten Vergleichbarkeit und Verfügbarkeit über ein paar Klicks im Internet.

Tobias Epple kennt diese enorme Dynamik als erfolgreicher Bezirksdirektor unseres Hauses im Geschäftsgebiet der LBS Südwest in sieben Beratungsstellen aus langjähriger eigener Erfahrung. Bereits seine Lehrzeit absolvierte er im Vertrieb der LBS. Anschließend wuchs er über die Arbeit als Kundenberater, sein Studium (Betriebswirt der IHK) und seine mehrmalige Mitgliedschaft im TopClub als Verkäufer und Direktor in seine heutige Position und die Fähigkeit, diese auch konzeptionell weiterzuentwickeln, hinein. Der Wohneigentumserwerb, der ja in der Regel hinter dem Abschluss eines Bausparvertrages steht, ist in den meisten Fällen die größte private Investition, die ein Mensch in seinem Leben tätigt. Entsprechend sorgfältig sollte dieses Vorhaben vorbereitet sein, schließlich können falsche Entscheidungen sich schnell auf viele tausend Euro Mehrkosten addieren.

Sich im Internet breit zu informieren, ist deshalb natürlich richtig, sollte aber nur der Auftakt für eine qualifizierte Beratung und Begleitung durch einen kompetenten und motivierten Vertrieb sein. Dafür steht bis heute die Sparkassen-Finanzgruppe - auch wenn diese Qualität in Verbindung mit einem flächendeckenden Angebot ihren Preis hat und dieser Preis zunehmend auf Kritik stößt.

Die Kritik kommt allerdings weniger von unseren Kundinnen und Kunden als von Presse, Medien oder Verbraucherschutzorganisationen. Ihr entgegenzuwirken ist alternativlos, weil wir mit großer Überzeugung – und bestärkt durch unseren öffentlich-rechtlichen Auftrag – hinter unserer Arbeit stehen. Das heißt aber auch, dass wir das unverändert große Vertrauen unserer Kundinnen und Kunden immer wieder bestätigen müssen: durch eine persönliche und individuelle Beratung, deren Basis die hohe fachliche Kompetenz bildet. Immer wichtiger wird dabei die bereits erwähnte rasante Entwicklung in der Digitalisierung, die mit technischem Know-how und zusätzlichen vertrieblichen Möglichkeiten neue Chancen, aber auch zusätzliche Anforderungen an die einzelne Beraterin und den einzelnen Berater stellt.

Ein derart herausforderndes Umfeld so zu steuern, dass der Vertrieb seinen Erfolg am Markt fortsetzen oder vielleicht sogar erst beginnen kann, gehört deshalb bereits heute und erst recht morgen zu den wichtigsten Aufgaben einer Führungskraft und des „Chefs". Davon hängt die Zukunft jedes Unternehmens ab, auch die einer Bank oder Bausparkasse, deren Angebot sich rund um die Finanzierung der privaten Wohnimmobilie bewegt. Schließlich bietet sich im Idealfall entlang der langen Lebensdauer einer Immobilie immer wieder die Gelegenheit, mit eigenen Produkten und Dienstleistungen zum Zuge zu kommen – wenn die Kundin oder der Kunde mit der bisherigen Zusammenarbeit zufrieden war und an ihrer Fortsetzung interessiert ist.

Über Stefan Siebert

Stefan Siebert, geboren 1961 in Kenzingen, ist seit 2019 der Vorsitzende des Vorstands der LBS Südwest. Nach seinem Volkswirtschaftsstudium an der Universität Freiburg startete er seine Karriere mit einem Traineeprogramm bei der Sparkasse Freiburg-Nördlicher Breisgau. Dort war er von 2002 bis 2009 für den Privatkundenbereich verantwortlich. Anschließend begleitete er die Position des Vorstandsvorsitzenden bei der Sparkasse Baden-Baden Gaggenau. Im Jahr 2017 wechselte er zur LBS Südwest, die aus der Fusion der Landesbausparkassen in Baden-Württemberg und Rheinland-Pfalz entstanden ist.

4
Einleitung

Liebe Leserin, lieber Leser,

es ist für mich eine Herzensangelegenheit, dieses Buch mit Dir zu teilen. Dieses Buch enthält so viel Tobias Epple wie kein Buch davor. Es sind meine Gedanken und Erfahrungen gepaart mit unternehmerischen Beispielen und Beiträgen von tollen Co-Autoren. Mit meiner Leidenschaft für den Vertrieb und langjährigen Erfahrung als Unternehmer bin ich davon überzeugt, dass die Vertriebsführung das Rückgrat eines jeden Unternehmens darstellt.

Ohne einen erfolgreichen Vertrieb fehlt einem Unternehmen seine Lebensenergie und entfällt einer seiner elementaren Zwecke – „das Verkaufen" und „Nutzen schaffen" für seine Kunden und Mitarbeiter. In „Chefsache Vertrieb" biete ich Dir meine wertvollsten Erkenntnisse, Erfahrungen und Werkzeuge aus der Welt des Vertriebs. Sie haben mir geholfen, für meine Unternehmen mit annähernd 100 Mitarbeitenden eine zuverlässige Vertriebsstruktur zu schaffen, aufrecht zu halten und weiterzuentwickeln. Eine Struktur, die präzise wie ein Schweizer Uhrwerk herausragende Ergebnisse liefert. Doch das ist noch nicht alles. Ich kann inzwischen einige der besten Unternehmer und Experten im Bereich Vertrieb und Vertriebsführung zu meinem Netzwerk zählen und konnte einige einladen, dieses Buch mit ihren Perspektiven zu bereichern. Sie haben wertvolle Einsichten beigetragen, die ich in vielen Gesprächen und Interviews sammeln durfte.

Deshalb findest Du zwischen den Kapiteln Beiträge von renommierten Vertriebsexperten und erfolgreichen Unternehmern. So enthält dieses Buch nicht nur meine Erfahrungen und Erkenntnisse, sondern eine Fülle von Wissen, Fähigkeiten und Tools, die Dir auf Deinem Weg zum Vertriebserfolg helfen werden.

Dein
Tobias Epple

5
Prolog

Nach der Finanzkrise 2008/2009 war die Wirtschaft lange Zeit auf Erholungskurs. Die Verbraucher waren bereit, Geld auszugeben, und die Nachfrage nach Produkten stieg stetig an. In dieser Zeit waren Produkte und Dienstleistungen oft so gefragt, dass sie sich beinahe von selbst verkauften. Viele Unternehmen konnten in dieser Zeit von der positiven Konjunktur profitieren und ihre Produkte ohne große Anstrengungen verkaufen. Dies führte dazu, dass sich viele Geschäftsführer und Führungskräfte kaum mehr mit dem Vertrieb befassen mussten und stattdessen auf die hohe Nachfrage vertrauen konnten.

Der Vertrieb schien nicht mehr der zentrale Erfolgsfaktor zu sein und wurde von vielen Geschäftsführern vernachlässigt oder ausgelagert. In der E-Commerce-Branche beispielsweise gingen die Umsätze in den letzten Jahren steil nach oben, unbeirrt von Finanzkrisen und anderen wirtschaftlichen Herausforderungen.[1] Auch der Gesundheitssektor, insbesondere digitale Gesundheitsdienstleistungen, konnte krisenresistentes, konstantes Wachstum vorweisen.[2] Dieser Trend setzte sich bis zur Corona-Pandemie fort. Als die Konjunktur schwächer und der Wettbewerb intensiver wurde, offenbarte sich der Trugschluss: Produkte verkaufen sich nicht von selbst. Ein starker Vertrieb entscheidet über das Wohl oder Wehe eines jeden Unternehmens. Durch die Einschränkungen und die Umstellung auf digitale

Prozesse mussten viele Unternehmen ihre Vertriebsstrategien an den neuen Medienkonsum und das dadurch veränderte Kaufverhalten der Kunden anpassen. Während einige Unternehmen schnell darauf reagieren konnten, kämpften andere noch immer mit unzureichenden Vertriebsstrukturen und mussten deswegen hohe Einbußen hinnehmen. Die Corona- sowie die Energiekrise unterstreichen in dieser Hinsicht die Bedeutung, sich als Geschäftsführer wieder verstärkt mit dem Vertrieb auseinanderzusetzen und sicherzustellen, dass das Unternehmen systematisch und zielgerichtet verkauft.

Denn nur so können langfristiges Wachstum und Skalierung erreicht werden. Der Vertrieb ist das Herzstück jedes Unternehmens und der Schlüssel zum Erfolg. „Für mich spielen Berufsbezeichnungen keine Rolle. Jeder ist im Verkauf tätig. Das ist der einzige Weg, wie wir im Geschäft bleiben"[3], bringt es der amerikanische Bestsellerautor Harvey Mackay auf den Punkt. In einer Zeit, in der nachhaltiges Wachstum und Skalierung entscheidend sind, kann nur eine systematische Führung des Vertriebs dazu führen, dass das Unternehmen erfolgreich wachsen kann. In diesem Buch erfährst Du, warum Vertriebsführung Chefsache ist und wie Du durch eine *systematische* Führung Deines Vertriebs die Grundlage für langfristigen Erfolg schaffen kannst.

An wen richtet sich dieses Buch?

Das Buch „Chefsache Vertrieb" ist für Unternehmer, CEOs und Vertriebsleiter geschrieben, die ihr Unternehmen über den Vertriebsweg groß machen oder ihr bestehendes Vertriebsteam optimieren möchten. In diesem Buch lernst Du, wie Du eine nachhaltige Geschäftsstrategie erarbeitest, indem Du Loyalität im Vertrieb aufbaust und den Vertriebskanal auf die Bedürfnisse Deiner Zielgruppe anpasst.

Im Laufe des Buches wirst Du erkennen, warum das Herzstück Deines Unternehmens nicht das Produkt selbst ist, sondern der Weg des Produkts zum Kunden. Denn jedes langfristig erfolgreiche Unternehmen beweist, dass der Erfolg eines Produkts nicht nur von seiner Qualität abhängt, sondern auch von der Art und Weise, wie es vertrieben wird. Apple, Tesla und Amazon sind allesamt leistungsstarke Unternehmen, die sich durch ihre ausgeklügelten Vertriebsstrategien und ihr Marketing auszeichnen. Sie haben verstanden, dass es nicht ausreicht, nur ein gutes Produkt zu haben – Du musst auch die richtige Zielgruppe ansprechen und das Produkt auf sie zugeschnitten präsentieren.

Das hat wohl kaum eine Firma so konsequent und auch noch früh umgesetzt wie Tupperware Anfang der 1950er Jahre. Der Gründer suchte damals nach einer Möglichkeit, seine hochwertigen Aufbewahrungsboxen mit dem patentierten Verschluss entsprechend zu präsentieren, und fand sie in einem einzigartigen Modell des Direktvertriebes: der Tupperparty. Erdacht und konzipiert von Brownie Wise, die dafür als erste Frau auf dem Titelbild der Business Week landete. Die Idee war so simpel wie bestechend: der Verkauf der Produkte über persönliche Beziehungen und Empfehlungen in einem vertrauten Umfeld. Positiver Nebeneffekt dabei: die fehlende Vergleichsmöglichkeit mit Konkurrenzprodukten. Über dieses Modell konnte Tupperware bis ins 21. Jahrhundert ihre Aufbewahrungsboxen erfolgreich an den Mann und vor allem an die Frau bringen und ihre höheren Preise durchsetzen. Die Verbindung von hoher Produktqualität mit einem schlagkräftigen Vertriebsweg prägte auch ihren Slogan: Oft kopiert, aber nie erreicht. Auch der Thermomix wäre wahrscheinlich kein so erfolgreiches Produkt, wenn er nicht auf eine vertrauensschaffende Vertriebsstrategie bauen könnte. Durch die persönliche Beratung und Demonstration des Produkts werden die Kunden davon überzeugt, dass sie es wirklich brauchen. Wenn der Thermomix im Regal von Saturn oder MediaMarkt stehen würde, wäre er nur ein weiteres Küchengerät unter vielen. Ohne besondere Vertriebsstrategie würde der Thermomix im Laden nur Staub ansetzen, während der Kunde im persönlichen Gespräch mit einem Thermomix-Vertreter seinen Nutzen erkennt. Genauso macht es Apple, den niemand nur als Smartphone-Hersteller bezeichnen würde: Im Apple Store erscheint der Preis eines Apple-Produkts auf einmal gerechtfertigt – im Elektronikgeschäft könnte sich das iPhone neben den Alternativprodukten der Konkurrenz viel schwerer behaupten. Apple liefert den Kunden in seinen Apple Stores ein Kauferlebnis, nicht nur ein Produkt.

In diesem Buch wirst Du verschiedenen Vertriebsansätze begegnen, um Dich zur Entwicklung eigener Strategien für Dein Unternehmen zu inspirieren. Du wirst sehen, dass der Vertrieb nicht nur am Ende der Wertschöpfungskette steht, sondern auch am Anfang. Erfolgreiche Unternehmen wie Apple oder Thermomix haben das verstanden und setzen auf Weiterverkaufsmöglichkeiten, um die Loyalität und den Mehrwert für die Kunden zu steigern. Thermomix kauft Dir veraltete Geräte ab, sodass Du das neueste Modell kaufen kannst. Apple bietet einen Rabatt, wenn Du Dein altes Smartphone beim Kauf eines neuen zurückschickst. Dadurch stellen diese Unternehmen sicher, dass sich der Kunde im Universum der jeweiligen Marke bestens aufgehoben fühlt, auch wenn das bereits gekaufte Produkt das Ende seines Lebenszyklus erreicht. Für eine erfolgreiche Gestaltung des Vertriebes wirst Du hier also auch lernen: Was sind erfolgreiche Vertriebsansätze? Wo passiert überall Vertrieb?

Während der Corona-Pandemie waren viele Firmen gezwungen, ihr Vertriebsmodell anzupassen. Ohne sorgfältige Analyse verkauften sie in der

Krise ihre Produkte schlicht weiter online, ohne Rücksicht auf ihre bestehenden Vertriebswege zu nehmen. Dabei hat sich herausgestellt, dass es immer Produkte geben wird, die sich auf bestimmten Vertriebswegen schwer tun.

Das musste auch Tupperware leidvoll erkennen. Mit der Zunahme von E-Commerce und dem kostensparenden digitalen Vertrieb von Produkten hatte die Firma, die jahrelang auf ein und denselben Vertriebsweg gesetzt hatte, bereits vor der Pandemie zu kämpfen. Die Administration und der Unterhalt ihrer Vertriebsstruktur, die auf physischen Besuchen ihrer Verkäufer bei den Kunden beruhte, nahm zunehmend überdimensionierte Formen an und lähmte den Vertrieb mehr als ihn voranzubringen. Als physische Treffen während er Lockdowns der Corona-Pandemie verboten wurden, wusste sich Tupperware keine bessere Lösung, als ihre Produkte über Supermärkte anzubieten. Damit entzogen sie ihrem bestehenden Vertriebsweg und den Verkäufern, die darauf bauten, einerseits den Boden unter den Füßen und nahmen ihrem Produkt andererseits den Hauch des Besonderen, da es nun ebenbürtig neben den anderen Aufbewahrungsboxen im Regal stand. Wieso sollten die Kunden die Zeit investieren, sich von einem Tupper-Verkäufer überzeugen zu lassen, wenn sie ebenso gut in den Supermarkt spazieren und die Produkte dort kaufen können?

Warum sollten sie die teurere Tupperbox kaufen, wenn der Plastikbehälter eines No-Name-Produkts direkt daneben deutlich günstiger ist? Die Folge dieser Maßnahme: Umsatzverlust und schließlich Insolvenz des Traditionsunternehmens. Zwar brachte eine Umstellung auf reinen Digitalvertrieb dem Unternehmen 2020 nochmal einen Umsatzboom, aber das entpuppte sich als ein Strohfeuer, da durch den Verlust der persönlichen Komponente im Verkauf der Ruf und die Marke ruiniert waren. Diese Zustände können ebenso wie der Vertrauensverlust an der Börse und die hohe Verschuldung des Unternehmens im letzten Jahrzehnt als eine direkte Folge des Führungschaos und verzögerter Entscheidung in der Chefetage gesehen werden. Der traurige Niedergang der Firma Tupperware ist ein warnendes Beispiel, die Führung des Vertriebes nicht aus den Händen zu geben, son-

dern zur Chefsache zu machen. Tupperware hatte auf das veränderte Kaufverhalten neuerer Generationen einfach keine Antwort mehr.

Das zeigt sich auch an folgendem Aspekt: Mit dem Umschwenken
auf Supermärkte hat sich der Vertriebskanal komplett verändert und damit auch die Identifikationsmöglichkeiten für die Mitarbeiter. Als Verkäufer
identifizierst Du Dich nicht nur mit dem Produkt, sondern auch mit dem
Vertriebsprozess. Die Frage ist immer: Was ist der Vertriebszweck? Werden
die Verkäufer dadurch motiviert, Unternehmer zu sein, nachhaltige Produkte voranzubringen oder beispielsweise soziale Kontakte zu knüpfen? Wenn
der Vertriebszweck dagegen ausschließlich darin besteht, „hard selling" zu
betreiben und reich zu werden, ist das weniger erfolgversprechend und er-
füllend. Auch die Vertriebskultur ist eine komplett andere, wenn das ganze
Unternehmen ausschließlich darauf ausgerichtet ist, um jeden Preis die Produkte an den Mann zu bringen, um Rendite einzufahren. Tupper-Verkäufer
sind Verkäufer mit Herz – um einen Plastikbehälter auf einer Tupper-Party
in Szene zu setzen, müssen die Verkäufer sich mit dem Produkt an sich
und der Vertriebskultur des Unternehmens identifizieren. All das fiel weg,
als der Hersteller auf einmal auf einen anderen Vertriebsweg umschwenk-
te. Natürlich ist Vertrieb immer ein Mix aus verschiedenen Strategien und
Ansätzen. Es ist wichtig, die Vertriebswege zu identifizieren, die am besten
zum Unternehmen passen, und sich loyal zu diesen zu bekennen. Bei einem
stimmigen Vertriebsmix greifen die Vertriebswege wie Zahnräder ineinan-
der, anstatt sich gegenseitig zu untergraben. Nur so baust Du ein nachhaltiges Geschäftsmodell auf.

Andere Unternehmen mit Direktvertrieb sind ihrem Vertriebsmodell
auch in Krisen treu geblieben und waren dadurch trotz kurzfristiger Einbu-
ße langfristig erfolgreich. Der deutsche Anbieter von Reinigungs- und Pfle-
gemitteln Prowin setzte ebenso wie Tupperware und Thermomix auf den
Direktverkauf über Prowin-Vertreter. Während der Corona-Pandemie stellte Prowin auf Zoom um und bildete so seine bestehenden Verkäufer weiter,
anstatt ihnen in den Rücken zu fallen. Prowin-Verkäufer haben die Corona-

Krise dadurch gut überstanden und wurden vermutlich von ihren Kollegen bei Tupper beneidet, dass ihr Unternehmen nicht seine Seele verkauft hat. Ein Unternehmen erholt sich nur schwer davon, wenn es einmal die Loyalität seiner Verkäufer verletzt hat. Die Insolvenz von Tupperware beweist dies eindrucksvoll. Damit Dir keine solchen Strategiefehler passieren, habe ich dieses Buch geschrieben.

Solltest Du das Vorgängerbuch „Verkaufen mit Herz" gelesen haben?

In meinem vorherigen Buch „Verkaufen mit Herz" beschreibe ich, wie Du Deine Werte als Verkäufer definierst und basierend auf diesen verkaufst. Als Verkäufer mit Herz verkaufst Du ehrlich, direkt und effizient, ohne dabei jemals Deine Seele verkaufen zu müssen. Du verkaufst als beste Version Deiner selbst, ohne Dich zu verstellen. Durch diese Ehrlichkeit erreichst Du den Kunden auf direkte Art und erzielst Vertriebserfolge, mit denen Du Dich voll und ganz identifizieren kannst. Dies kann insbesondere für Personen nützlich sein, die sich selbst nicht als Verkäufer sehen, da sie die üblichen Vorurteile von aufdringlichen oder schmierigen Verkäufern im Kopf haben. In „Verkaufen mit Herz" zeige ich auf, wie sich jeder mit Interesse an Vertrieb über seine Werte an das Verkaufen herantasten und seine persönliche Verkaufsstrategie definieren kann.

In „Verkaufen mit Herz" geht es also darum, wie Du Deine persönliche Verkaufsstrategie auf Grundlage Deiner Werte entwickelst. Ich gehe im Detail auf die Rolle des einzelnen Verkäufers ein und lasse die Geschäftsführung und das Team außen vor. „Chefsache Vertrieb" knüpft daran an, indem es sich diesen beiden Themenbereichen genauer widmet. Wenn der Vorgesetzte unethisch handelt oder das Produkt unethisch ist, wird es für den Verkäufer schwierig, seine Werte im Vertriebsalltag umzusetzen. Daher ist es entscheidend, ein wertebasiertes System aufzubauen, das sich auf das Produkt, den Vertriebsprozess und jeden einzelnen Verkäufer erstreckt. In diesem Buch vermittle ich Dir Strategien und Techniken, um Dein Vertriebsteam zu optimieren und eine erfolgreiche, wertegetriebene Vertriebsführung zu erreichen.

Während „Verkaufen mit Herz" den Einstieg in den wertebasierten Vertrieb beschreibt, geht „Chefsache Vertrieb" einen Schritt weiter und zeigt auf, wie Du Deinen Vertrieb systematisierst, um ihn auf das nächste Level zu heben. Es ist nicht zwingend notwendig, „Verkaufen mit Herz" gelesen zu haben, um von diesem Buch zu profitieren, aber es ist hilfreich. Wenn Du also bereit bist, den nächsten Schritt im Vertrieb zu machen, ist „Chefsache Vertrieb" das perfekte Buch für Dich. Lass uns loslegen und Deine Vertriebskompetenz fundamental steigern!

6
Warum Vertrieb Chefsache ist

Einige der ersten Tesla-Modelle hatten verschiedene Qualitätsprobleme, darunter Probleme mit der Elektronik und der Batterie. Insbesondere das Model S aus dem Jahr 2012 hatte Schwierigkeiten mit dem Antriebsstrang, der zu Überhitzung und Ausfällen führen konnte. Außerdem stapelten sich Berichte über defekte Türgriffe, Probleme mit den Klimaanlagen und Softwarefehler. Trotzdem wurden die frühen Tesla-Modelle von mehreren tausend Kunden aufgrund ihrer innovativen Technologie und des revolutionären Konzepts des elektrischen Antriebs gekauft. Tesla verkaufte im Jahr 2012, dem ersten Jahr des Model S, insgesamt mehr als 2.600 Fahrzeuge.

Damit landete das Tesla-Model auf Platz Vier unter den meistverkauften E-Autos des Jahres. Chevrolet verkaufte etwa 7.000 Chevrolet Volts, Toyota brachte um die 5.000 Toyota Prius an den Mann und Nissan mehr als 4.600 LEAFs.[4] Die Qualitätsprobleme taten den Tesla-Verkäufen keinen Abbruch. Im Folgejahr 2013 verkaufte Tesla bereits beinahe 25.000 E-Autos.[5] Wir denken gerade im deutschsprachigen Raum oft, dass ein Produkt perfekt sein muss, bevor wir es auf den Markt bringen. Dabei hängt ein erfolgreicher Verkauf nicht nur von der Qualität des Produkts ab, sondern auch von einer professionellen Vertriebsstrategie. Die erste Frage im Unternehmen sollte stets lauten: Wie bekomme ich das Produkt, das ich gerade entwickle, auch tatsächlich verkauft? Als CEO ist es wichtig, dass Du diese Frage beantworten kannst und sicherstellst, dass Dein Unternehmen eine effektive Vertriebsstrategie verfolgt. Sicherlich ist eine hohe Produktqualität wichtig, aber eben nicht so alles entscheidend, wie wir oft denken. Wenn der CEO sich in technischen Details des Produkts verliert oder sich ausschließlich auf die Produktqualität konzentriert, kann dies zu einem mangelnden Fokus auf den Vertrieb führen, mit katastrophalen Folgen.

Denken wir an Kodak. Ein weiteres Beispiel ist das Unternehmen Blackberry. Sie waren lange Zeit der Marktführer im Bereich der Smartphones, doch als Apple mit dem iPhone auf den Markt kam und Google mit Android, wurden sie von der Konkurrenz überholt. Was viele nicht wissen: Blackberry erfand das erste Smartphone, nicht Apple. Doch obwohl Blackberry technisch gesehen die besseren Smartphones entwickelte, war das Unternehmen nicht in der Lage, seine Produkte erfolgreich zu verkaufen.[6] Denn sie besaßen keine effektive Vertriebsstrategie. Ein Unternehmen mit erfolgreicher Vertriebsstrategie ist hingegen Nike. Nike investiert in flächendeckendes Marketing, um das Markenimage und die Bekanntheit zu steigern und so dem Vertrieb eine höhere Reichweite zu bieten.

Außerdem arbeiten sie eng mit Einzelhändlern zusammen, um ihre Produkte in deren Läden zu platzieren. Zusätzlich betreiben sie einen Onlineshop und sorgen für Aufmerksamkeit ihrer Produkte in sozialen Medien, um ihre Kunden direkt anzusprechen.[7] Ob die Nike-Produkte wirklich so einzigartig sind, wie es uns das Marketing-Team glauben lassen möchte, ist fraglich. Im Zweifelsfall sind Nike-Turnschuhe auch nur Turnschuhe, aber eben mit ausreichend hoher Qualität und vor allem einem für die Zielgruppe ansprechenden Image. Eine umfassende Vertriebsstrategie über mehrere Kanäle stärkt die Marke, spricht Kunden gezielter an und fördert so den Verkauf. Das Beispiel von Tesla und Elon Musk zeigt außerdem: Durch persönlichen Einsatz für den Vertrieb und die Produkte können Marken so emotionalisiert werden, dass ein wesentlich teureres Produkt gekauft und mit Inbrunst weiterempfohlen wird.

Selbst wenn es in der ersten Version noch Fehler aufweist. Das Zauberwort für Marken mit einer solchen Anziehungskraft lautet: direkter Kundenkontakt.

Der Vertrieb erlaubt wertvolle Einblicke in den Markt

Steve Jobs war berühmt dafür, dass er regelmäßig in Apple Stores ging und mit Kunden sprach, um deren Feedback zu erhalten und um ihre Bedürfnisse besser zu verstehen. Er wollte nicht nur die Produkte verbessern, sondern auch die Einkaufserfahrung des Kunden mit dem Unternehmen. Laut dem ehemaligen Leiter von Apple Retail, Ron Johnson, war Steve Jobs stark in die Entwicklung des ersten Apple Stores involviert. Jobs traf sich wöchentlich mit Johnson, um das Design des Ladens zu besprechen und Änderungen vorzunehmen. In der Anfangszeit rief er Johnson sogar jeden Abend um 20 Uhr an, um sich über Einzelheiten des Ladendesigns auszutauschen.[8] Jobs wollte kein Detail außer Acht lassen, das die Kaufentscheidung des Kunden beeinflussen könnte.

Elon Musk geht noch einen Schritt weiter und kommuniziert regelmäßig mit Kunden und Fans über Twitter und andere soziale Medien. Er beantwortet Fragen, nimmt Feedback entgegen und gibt Einblicke in die Arbeit bei Tesla und SpaceX. Diese direkte Interaktion ermöglicht es dem Tesla- und SpaceX-Gründer, den Markt und die Bedürfnisse seiner Kunden besser zu verstehen und schnell auf Veränderungen und Trends zu reagieren. Musk nutzt diese Erkenntnisse, um seine Produkte und Dienstleistungen kontinuierlich zu verbessern und den Kunden das zu geben, was sie wirklich wollen. Ein Beispiel für die Anpassung von Tesla-Fahrzeugen auf Basis von Kundenfeedback ist die Einführung des „Dog Mode" im Jahr 2019, der auf Kundenfeedback basiert. Ein Tesla-Fan hatte Musk auf Twitter geschrieben und nach einem Auto-Upgrade gefragt, das es ihm ermöglichen würde, seinen Hund unbesorgt im Auto zu lassen. Viele Hundebesitzer trauen sich berechtigterweise nicht, ihre Hunde bei Hitze oder Kälte im geschlossenen Auto zu lassen, da die Innentemperaturen schnell ins Extreme gehen können. Musk antwortete auf den Twitter-Kommentar mit der Zusage, ein solches Feature umzusetzen und bot kurz darauf ein entsprechendes Software-Update für alle Tesla-Fahrzeuge an. Der Dog Mode hält den Innenraum des Fahrzeugs auf eine angenehme Temperatur und zeigt auf dem Display des Fahrzeugs an, dass sich ein Hund im Auto befindet und alles in Ordnung ist. Sollte sich die Batterie aufgrund des aktivierten Dog Mode dem Ende zuneigen, wird der Tesla-Besitzer per Push-Nachricht informiert. [9]

Ein weiteres Argument für Vertrieb als Chefsache ist die Chance, über den Vertrieb ein Gefühl für die Marktsituation zu erhalten. Marketingstudien und -agenturen können dabei helfen, aber die direkte Rückmeldung von Verkäufern und Kunden ist unersetzlich. Der ehemalige Zappos-Geschäftsführer Tony Hsieh führte die Regelung ein, dass alle Mitarbeiter während der Hochsaison im Callcenter aushelfen. Das schloss auch ihn selbst mit ein.[10] Stell Dir das bitte einmal vor: Du rufst ein Unternehmen mit mehr als 1.500 Mitarbeitern an und hast direkt den Geschäftsführer in der Leitung.[11] Auf diese Weise bekam Hsieh selbst ein Gefühl dafür, was seine Kunden bewegt und welche Schuhe sie kaufen wollen. So wusste das Zappos-Team nicht nur, welche Schuhe am beliebtesten sind, sondern auch warum. Im direkten Kontakt mit Deinen Kunden kannst Du Deinen Markt am besten verstehen und Dir tiefe Einblicke verschaffen.

Der Geschäftsführer als erster Verkäufer seines Unternehmens

Vertrieb zur Chefsache zu erheben, bedeutet auch, dass Du als Geschäftsführer als erster Verkäufer Deines Unternehmens auftrittst. Die Produktion in Deinem Unternehmen läuft im Zweifelsfall auch ohne Dich – der Vertrieb nicht. Wenn wir beispielsweise an Trigema denken, sehen wir Wolfgang Grupp vor uns, einen älteren Herrn im eleganten Anzug mit Einstecktuch, der eine Leidenschaft für verantwortungsvoll produzierte Kleidung pflegt.

Trigema wurde 1919 in Burladingen in Baden-Württemberg gegründet und ist heute eines der wenigen Unternehmen, das noch Textilien komplett in Deutschland produziert. Die Modefirma bietet eine breite Palette an Produkten, darunter T-Shirts, Pullover, Hosen und Unterwäsche für Männer, Frauen und Kinder. Das Unternehmen ist für seine hochwertigen Produkte bekannt und verwendet nur Rohstoffe aus kontrolliert biologischem Anbau.[12] Trigema verkauft seine Produkte über eigene Testläden und im Onlinehandel. Wolfgang Grupp, der Geschäftsführer von Trigema, ist der entscheidende Faktor für den Unternehmenserfolg.

Er ist so engagiert im Vertrieb, dass er regelmäßig selbst hinter der Kasse bedient, um einen Eindruck zu bekommen, wie gut die Prozesse im Laden ineinandergreifen.[13] Grupp hat sich einen Helikopter zugelegt, um schneller zu seinen Testläden fliegen zu können und nicht so viel Zeit im Auto zu verbringen: „Müsste ich diese [Testverkäufe] mit dem Auto machen, wäre es schwierig und ich würde es wahrscheinlich nicht konstant machen. Ich muss es aber tun, damit ich es sofort feststelle, wenn etwas falsch läuft."[14] Damit lebt er Effizienz vor und verkörpert das Prinzip, Vertrieb als Chefsache zu betrachten. Aufgrund seines Engagements kann Trigema sich im hart umkämpften Marktumfeld der Mode seit 1919 behaupten und erwirtschaftete im Jahr 2021 mit mehr als tausend Mitarbeitern einen Umsatz von 113 Millionen Euro.[15]

Ein weiteres großartiges Beispiel ist Reinhold Würth, der Gründer der Würth-Gruppe. Er ist auch als „Mister Schraube" bekannt. Würth sagt selbst: „Ich habe innerhalb von rund 60 Jahren aus einem Zwei-Mann-Betrieb ein Unternehmen mit 60.000 Beschäftigten aufgebaut – und dies mit Schrauben und Befestigungsmaterial! Das sind ja keine besonderen Produkte, die man nun unbedingt von Würth bräuchte. In jedem Eisenwarenladen bekommen Sie Schrauben. Der Vertrieb ist hier der Schlüssel für den Erfolg."[16] Würth hat das Unternehmen aufgebaut, indem er persönlich seine Produkte verkauft hat. Die Würth-Gruppe ist Weltmarktführer in ihrem Kerngeschäft, dem Handel mit Montage- und Befestigungsmaterial. Sie hat aktuell über 400 Niederlassungen in 80 Ländern und beschäftigt über 85.000 Angestellte. Mehr als die Hälfte davon, ganze 43.000 Mitarbeiter, sind Verkäufer im Außendienst. Der Umsatz der Würth-Gruppe lag im Geschäftsjahr 2022 bei beinahe 20 Milliarden Euro.[17] Der Fokus, den das Unternehmen auf den Vertrieb legt, zahlt sich kontinuierlich aus.

Erster Verkäufer seines Unternehmens zu sein, heißt gleichzeitig, erster Kunde seines Unternehmens zu sein. Du hättest Steve Jobs nie mit einem Samsung Handy in der Hand erwischt. Elon Musk hat einen privaten Fuhrpark angesammelt, der unter anderem ein Ford Model T enthält, fährt aber selbstverständlich hauptsächlich die eigenen Tesla-Modelle und testet dabei gleich den Autopiloten für das Entwicklungsteam.[18] Dadurch sind diese Geschäftsführer authentisch in dem, was sie verkaufen.

Letztendlich geht es beim Vertrieb genau darum: um Glaubwürdigkeit und Authentizität. Eine erfolgreiche Führungskraft ist nicht nur der Kopf, sondern auch das Gesicht seines Unternehmens. Denn die Handlungen des Geschäftsführers prägen die Wahrnehmung seiner Marke und seiner Produkte. So ist es für einen Bahnchef nicht überzeugend, innerhalb Deutschlands zu fliegen, wenn sich das Unternehmen strenge Richtlinien für den Umweltschutz auferlegt hat. Der Chef der Deutschen Bahn, Dr. Richard Lutz, sagte daher in einem Interview: „Ich plane meine Reisen so, dass ich auch mit dem Zug pünktlich bin. Innerdeutsch will ich gar nicht mehr fliegen."[19] Alles andere würden Mitarbeiter und Öffentlichkeit auch als Verrat am eigenen Unternehmen wahrnehmen. Du kannst nicht Häuser verkaufen und selbst zur Miete wohnen – das ist unglaubwürdig.

Warum ist Authentizität so bedeutend? Vertrieb gilt oft als kaltherzig und unpersönlich. Vielen Verkäufern traut die Öffentlichkeit zu, dass sie selbst ihre eigene Oma verkaufen würden, solange der Preis stimmt. Durch authentisches Auftreten und Treue gegenüber der eigenen Marke kann ein Geschäftsführer dieser Wahrnehmung entgegenwirken, sie positiv beeinflussen und das Vertrauen der Kunden in seine Produkte stärken. Denn letztendlich zählt nicht nur das, was der Geschäftsführer sagt, sondern vor allem das, was er tut. Klaus Hipp, Gründer der Hipp Babyfood, hat beispielsweise einen Vertriebsweg geprägt, der vorher nicht existierte. Jedes Hipp-Produkt trägt den Namen des Unternehmens mit Signatur und Foto des Gründers. Der Hipp-Gründer verkauft nicht nur sein Produkt, er steht auch dafür ein.

Der CEO ist also immer das Gesicht seines Vertriebes. Gerade die Rolle des CEOs erfordert eine starke Identifikation mit dem Unternehmen und der Vision. Manche Geschäftsführer distanzieren sich von ihrem eigenen Produkt und ihrem Vertrieb. Hartmut Mehdorn wechselte oftmals die Seiten im Laufe seines Managerlebens – von Airbus zu Heidelberger Druckmaschinen, zur Deutschen Bahn, zur Air Berlin und anschließend zur Berliner Flughafengesellschaft. Das führte zu einigen ironischen Wendungen in der langjährigen Karriere des Industriemanagers, der kurz vor seinem 71. Geburtstag Geschäftsführer der Berliner Flughafengesellschaft wurde.

In seiner neuen Rolle war er unter anderem zuständig für die Fertigstellung des BER-Flughafens – dabei hatte er nur wenige Jahre zuvor für den Erhalt des Flughafens Tempelhof geworben, der zugunsten des neuen BER-Großflughafens geschlossen wurde.[20] Die radikalen Sparmaßnahmen bei der Deutschen Bahn, der Mehdorn vor seinem Eintauchen in die Welt der Luftfahrt vorstand, führten vor allem zu Vorteilen für die Aktionäre und Frustration für die Steuerzahler über veraltete Schienennetze. Viele Kritiker bemängelten die fehlende Authentizität und das rücksichtslose Gewinnstreben des Managers Mehdorn. Am Ende steht Mehdorn für keines der vielen Unternehmen, denen er vorstand, sondern eher für rücksichtslose Unternehmenssanierungen und Ausspähaktionen bei der Deutschen Bahn.[21]

Als Geschäftsführer solltest Du Dich immer fragen: Nehmen Menschen mir das ab, dass ich der erste Verkäufer meines Unternehmens bin? Fülle ich diese Rolle aus? Im klassischen Unternehmertum sollte der Gründer der beste Verkäufer sein. Denn wenn selbst der Geschäftsführer seine eigenen Produkte nicht verkaufen kann, wer sollte es sonst schaffen?

Die Abhängigkeit vom CEO ist eine Tatsache, die jedes Unternehmen betrifft. Das Beispiel der Firma Rossmann zeigt, wie wichtig es ist, dass das Thema Vertrieb in einem Unternehmen Chefsache ist und wie es auch zu neuen Ideen und Innovationen führen kann. Die Tatsache, dass Dirk Rossmann und seine Frau zu Hause über das Wachstum des Unternehmens und mögliche neue Produktkategorien sprachen, führte dazu, dass die Drogeriekette sich entschied, Produkte anzubieten, die bis dahin nicht zum klassischen Drogeriesortiment gehörten, wodurch sich Rossmann von der Konkurrenz abhob. Es war die Idee von Alice Schardt-Rossmann, der Frau von Dirk Rossmann, beispielsweise auch Pfannen anzubieten – eine äußerst erfolgreiche Idee, die das Unternehmen in eine neue Richtung führte.

Ganz anders Adidas, das der letzte Geschäftsführer fast in den Bankrott getrieben hat. Die Ursache: die Zusammenarbeit mit dem umstrittenen Rapper Kanye West, dem durch Äußerungen 2021 von der Öffentlichkeit antisemitische Haltungen vorgeworfen wurden und der selbst nichts tat, um dieses Bild zu korrigieren. Dadurch konnten Produkte, die in Kooperation mit ihm produziert wurden, nicht mehr verkauft werden, sondern wurden in den Adidas-Keller verbannt, wo sie vermutlich verschimmeln. Als Folge der gescheiterten Kollaboration schrieb Adidas im Jahr 2022 rote Zahlen in Höhe von 540 Millionen Euro.[22] Es war eine Entscheidung des Geschäftsführers, diese Zusammenarbeit einzugehen und das Unternehmen damit einem erheblichen Risiko auszusetzen. Die Adidas-Geschichte zeigt, wie stark der Vertrieb mit allen anderen Geschäftsbereichen – insbesondere den Marketingaktivitäten des Unternehmens – zusammenhängt. Durch diese Abhängigkeit kann eine einzige schlechte Entscheidung des Geschäftsführers das ganze Unternehmen beeinträchtigen und große finanzielle Verluste verursachen. Im Nachgang des Eklats zog der Vorstand von Adidas 2023 die letzte Konsequenz und Geschäftsführer Rorsted seinen Hut. Doch gelernt hat die Adidas-Führung aus der Pleite scheinbar nichts: Rorsteds Nachfolger wird Björn Gulden, der bis dahin den größten Konkurrenten Adidas leitete: Puma. Hinsichtlich der Authentizität und Markentreue des Geschäftsführers ist das äußerst fragwürdig.[23] Für die Gründerväter der Marken Adidas und Puma, die Brüder und unversöhnlichen Streithähne Adolf und Rudolf Dassler wäre das nie infrage gekommen. Doch nicht nur die Gründer spielen eine Rolle für die Authentizität eines Unternehmens.

Das Beispiel Porsche verdeutlicht, wie prägend ein Geschäftsführer sein kann, der kein Gründer ist, aber eine ähnliche Verantwortung und Identifikation mit dem Unternehmen verspürt. Seit der Ära von Wendelin Wiedeking hat sich Porsche stark entwickelt und wird oft mit Apple verglichen. Wiedeking, der von 1993 bis 2009 CEO von Porsche war, hat die Firma nicht nur geprägt, sondern in eine höhere Liga katapultiert. Er hat das Unternehmen neu strukturiert und es von einem schwächelnden Sportwagenhersteller in einen profitablen Hersteller von High-End-Fahrzeugen verwandelt. Er hat auch den legendären Porsche 911 vollständig neu gestaltet und modernisiert. Seine Vision, Porsche zu einem weltweit führenden Unternehmen zu machen, hat er konsequent umgesetzt.[24] Solche Personen prägen das Unternehmen und verleihen ihm eine klare Identität. Sie können die Mitarbeiter motivieren und die Marke voranbringen.

Ein weiteres Negativbeispiel für eine riskante Vertriebsentscheidung dagegen ist die Offline-Vertriebsstrategie von Tesla. Tesla hat in der Vergangenheit ihre Tesla-Stores mehrmals auf- und abgebaut, was zu Verwirrung bei den Kunden und Investoren geführt hat. 2019 entschied sich das Unternehmen, den Großteil seiner Filialen zu schließen und seine Autos ausschließlich online oder telefonisch zu verkaufen. Der Schritt sollte dazu beitragen, die Kosten zu reduzieren und den Preis des meistverkauften Fahrzeugs des Unternehmens, des Model 3, auf 35.000 US-Dollar zu senken. Tesla ist das einzige bedeutende Automobilunternehmen, das Fahrzeuge direkt an Kunden verkauft, was es am besten positioniert, um Filialen zu schließen und den Verkauf auf die Online-Welt zu verlagern. CEO Elon Musk sagte in einer E-Mail an Tesla-Mitarbeiter, dass 78 Prozent aller Bestellungen für das Model 3 im Jahr 2018 und 82 Prozent ohne Testfahrt aufgegeben wurden.

Branchenanalysten sagen jedoch, dass es nicht klar ist, ob Tesla die Autos ohne ein traditionelles Testfahrten-Angebot an den breiteren Markt verkaufen kann. Allerdings waren diejenigen, die im Jahr 2018 einen Model 3 Tesla gekauft haben, bereits große Fans von Tesla. Sie mussten Monate oder sogar Jahre vor Verfügbarkeit des Autos eine Anzahlung von 1.000 Euro leisten und waren darauf erpicht, es so schnell wie möglich zu bekommen.[25]

Tatsächlich widerrief Musk seine Entscheidung, den Großteil der damals 378 Tesla-Stores zu schließen innerhalb weniger Wochen.[26] Im Jahr 2021 verkündete Musk eine überarbeitete Strategie – viele vermuten, dass die Entscheidung von 2019, in kürzester Zeit einen Großteil der Stores zu schließen, in finanzieller Panik gefällt wurde. Tesla plant nun, die meisten seiner teuren Mietflächen in Einkaufszentren und Geschäftsvierteln zugunsten von Auslieferungszentren in städtischen Randgebieten aufzugeben und seine Vertriebsmitarbeiter durch Remote Working flexibler einzusetzen.[27] Aktuell betreibt Tesla mehr als 430 Tesla-Stores zusammen mit 100 Service-Centern.[28] Nach der anfänglichen Verkündigung, die Mehrheit der Stores zu schließen und einen Großteil der Mitarbeiter schnellstmöglich zu entlassen, führte Musk eine 180-Grad-Wendung durch und eröffnete zeitweise einen Store pro Tag.

Zusätzlich stellte der Autobauer reihenweise neue Mitarbeiter ein. Eine Vertriebsstrategie ist wie ein Schiff auf hoher See. Es ist wichtig, den Kurs zu ändern, wenn Hindernisse auftauchen oder sich das Ziel ändert, aber wer ständig den Kurs ändert, kommt nirgendwohin. Er dreht sich im Kreis oder verliert an Schwung – auf Kosten von Material und Mannschaft.

Stattdessen ist es sinnvoller, kontinuierlich und vorsichtig Anpassungen vorzunehmen und dadurch so viel Momentum beizubehalten wie möglich. Durch langfristige Planung kannst Du so Deinen Vertrieb auf möglichst stabile Art gestalten.

Die Emotionalität des Vertriebs

Vertrieb ist zweifelsohne ein äußerst emotionales Thema und wird immer emotional bleiben. Kaufentscheidungen sind emotional, genauso wie die Freude und das Erfolgsgefühl des Verkäufers, wenn ein Geschäft abgeschlossen wird. „Die Sehnsucht ist der Ausgangspunkt aller Errungenschaften – nicht eine Hoffnung, nicht ein Wunsch, sondern ein leidenschaftliches, pulsierendes Verlangen, das alles übersteigt", fasst der amerikanische Bestseller-Autor Napoleon Hill die Emotionalität von Vertrieb zusammen.[29] Werfen wir einen Blick auf Kundenbewertungen und -empfehlungen: Studien haben gezeigt, dass 46 Prozent aller Konsumenten der Meinung und den Erfahrungen anderer Kunden genauso vertrauen wie Empfehlungen von Freunden oder Familienmitgliedern.[30]

Eine positive Bewertung oder Empfehlung kann einen potenziellen Kunden dazu bringen, ein Produkt zu kaufen, selbst wenn es nicht unbedingt das beste Preis-Leistungs-Verhältnis bietet. Auf der anderen Seite kann eine negative Bewertung oder Empfehlung dazu führen, dass ein potenzieller Kunde das Produkt ablehnt, auch wenn es objektiv betrachtet gut ist. Auch Verkaufstechniken wie Storytelling und Emotionsmanagement unterstreichen die Emotionalität von Vertrieb. Der deutsche Schokoladenhersteller Ritter Sport nutzt verschiedene Designs für verschiedene Sorten, um jeweiligen Wiedererkennungswert und damit eine emotionale Verbindung zu den Kunden aufzubauen.

Diese erkennen so schon auf den ersten Blick ihre Lieblingssorte von Ritter Sport im Regal. Das Design erzählt Geschichten über seine Produkte und deren Herstellung mit fair gehandeltem Kakao, um das Interesse und die Kaufmotivation potenzieller Kunden zu steigern. Dieses Jahr bringt Ritter Sport eine „Fernweh-Edition" auf den Markt, die den Kunden gedanklich nach Südamerika, in den Westen der USA und nach Costa Rica entführen soll. „Alle drei Sorten sind perfekt, um auf quadratisch-praktische Weise eine süße Auszeit vom Alltag zu genießen. Jede der drei Schokoladen zeichnet sich durch eine raffinierte Komposition an landestypischen Zutaten aus und führt uns geschmacklich in ferne Ziele. Die Fernweh Edition schafft so wieder eine bunte Vielfalt, die Reiselust und Urlaubsfeeling weckt", erklärt der Geschäftsführer von Ritter Sport Österreich.[31]

Wo Emotionen eine große Rolle spielen, ist Vertrauen auf allen Ebenen entscheidend. Kunden kaufen bei Unternehmen, denen sie vertrauen, und Verkäufer verkaufen wiederum am besten, wenn sie dem Unternehmen und seinen Geschäftsführern vertrauen. Wenn das Vertriebsteam nicht an die Entscheidungen des CEOs glaubt, kann es schwierig werden, erfolgreich zu verkaufen. Ständige und wiederkehrende Zweifel am eigenen Produkt oder am Unternehmen lenken von der eigentlichen Aufgabe ab und untergraben Selbstverständnis und Glauben der Verkäufer. Authentizität ist also ein wichtiger Faktor, um das Vertrauen der Kunden zu gewinnen – ebenso wie das der Vertriebsmitarbeiter.

Kein Unternehmen auf der Welt versteht die Bedeutung von Emotionen für den Vertrieb so gut wie Disney. Die Disney-Marke stand immer dafür, dass Wünsche in Erfüllung gehen, Prinzen und Prinzessinnen die wahre Liebe finden und glücklich bis ans Ende ihrer Tage leben. Disney-Themenparks versprechen eine Flucht aus der Realität mit Willkommensschildern, auf denen steht: „Hier verlässt Du das Heute und trittst ein in die Welt von Gestern und Morgen und die Welt der Fantasie."[32]

Robert Iger führte das Unternehmen von 2005 bis 2020, bevor er das Zepter an Bob Chapek übergab.[33] Als der neue CEO das Ruder übernahm, entschied er sich, statt weiterhin Märchen zu erzählen, politische Themen in Filmen zu thematisieren. Viele Filmbesetzungen wurden nun bewusst ausgewählt, um Diversität zu repräsentieren. Doch Disney übertrieb es in vielen Fällen und schaffte es mehrmals, gleichzeitig konservative sowie liberale Fangruppen gegen sich aufzubringen.[34] Ein Skandal löste den nächsten ab, die Zuschauerzahlen gingen rapide zurück und die Marke Disney drohte an Beliebtheit zu verlieren. Nach nur zwei Jahren an der Spitze kam der alte CEO Iger aus dem Ruhestand zurück und brachte das Unternehmen wieder in ruhigere Fahrwasser. Iger erkannte, dass Disney immer für seine Märchen und Geschichten stand, die Menschen auf der ganzen Welt emotional berühren. Er konzentrierte sich darauf, diesen Kernwert wiederherzustellen und den Fokus auf das Erzählen von Geschichten zu legen, anstatt politische Themen in den Vordergrund zu stellen. Vertrieb als Chefsache erfordert also, die emotionalen Bedürfnisse der Zielgruppe zu verstehen und Produkte zu entwickeln oder im Fall von Disney zu erhalten, die diese Bedürfnisse ansprechen. Emotionen beeinflussen die Kaufentscheidungen der Verbraucher und machen den Unterschied zwischen einem erfolgreichen und einem erfolglosen Produkt aus.

Der Vertrieb entscheidet über den Erfolg oder Misserfolg eines Unternehmens

In einer Zeit, in der Warenhäuser von vielen als nicht mehr zeitgemäß angesehen werden und das Centersterben in der Handelsbranche um sich greift, gibt es dennoch ein Kaufhaus, das sich behauptet: das Kaufhaus des Westens in Berlin, das KaDeWe. Trotz international schwieriger Zeiten und dem Vormarsch des Onlinehandels behauptet das größte Kaufhaus Kontinentaleuropas seinen Platz am Berliner Tauentzien seit über 100 Jahren. An einem guten Samstag zieht das Kaufhaus bis zu 100.000 Besucher an und ist nach dem Brandenburger Tor der meistbesuchte Ort Berlins. Mit welcher Vertriebsstrategie gelingt es dem KaDeWe, erfolgreich zu bleiben in einer Branche, in der die Kaufhauskette Galeria Karstadt nach mehrmaligen Rettungsversuchen schließlich kleinbeigeben musste und in Insolvenz geriet?

Der Schlüssel liegt in der Ausrichtung des Vertriebes und der eigenen Positionierung. Eine klare Ausrichtung auf die Bedürfnisse und Wünsche der Kunden sowie die Wertschätzung und Motivation der Mitarbeiter sind wichtige Faktoren, die zum Erfolg eines Unternehmens beitragen. Das KaDeWe ist auf dem Weg, zu einem Auszeit- und Erlebnisort für wohlhabende Kunden zu werden. Mit der Modernisierung des Kaufhauses, das aus dem Jahr 1907 stammt, will das Management dem steigenden Wettbewerb im Luxussegment entgegentreten. Das KaDeWe bietet heute mehr als nur Kleidung und Accessoires, Kunden können sich auch in Beauty-Kabinen behandeln lassen und verschiedene Services wie Zahnaufhellung oder Botox-Behandlungen nutzen. Das Management setzt auf höhere Qualität und ein exklusives Angebot, um höhere Umsätze und Gewinne zu erzielen. [35]

Eine einzigartige Positionierung ist auch Tesla gelungen. Tesla-Gründer Musk hat es geschafft, Elektroautos von einem Nischenprodukt zu einem Mainstream-Produkt zu machen, indem er auf eine klare Markenbotschaft und ein starkes Branding setzte. Durch stilvolles Design und modernste Technologie wird ein Tesla nicht nur als ein Auto wahrgenommen, sondern auch als Lifestyle-Produkt und Statussymbol. Tesla hat es geschafft, die Marke als führend in der Elektroauto-Industrie zu etablieren und Kunden zu überzeugen, dass ein Tesla eine Investition in die Zukunft ist. Zum anderen erkannte Musk, dass ein stabiler Vertrieb die entsprechenden Voraussetzungen braucht.

Im Fall von Tesla identifizierte Musk die Ladeinfrastruktur als entscheidenden Faktor für den Vertrieb seiner E-Autos, da die Kunden bei einer längeren Fahrt nicht ihre Zeit mit der Suche nach Ladestationen oder mit dem Laden der Akkus verschwenden wollten. So hat Tesla ein Netzwerk von Supercharger-Stationen aufgebaut, das es den Kunden ermöglicht, ihre Fahrzeuge schnell aufzuladen und lange Strecken zu fahren. Diese Ladeinfrastruktur ist ein wesentlicher Teil des Tesla-Kauferlebnisses und hat dazu beigetragen, Kunden von der Nutzung von Elektroautos zu überzeugen. Im Vergleich dazu hat VW zwar angekündigt, ab 2033 nur noch Elektroautos in Europa zu produzieren, aber es bleibt abzuwarten, wie erfolgreich sie diese verkaufen können. VW muss nicht nur eine breitere Akzeptanz für Elektroautos schaffen, sondern auch eine starke Marke im E-Segment und eine überzeugende Ladeinfrastruktur entwickeln, um mit Tesla konkurrieren zu können.[36] Wenn Du Dich umschaust, findest Du in jeder Branche ähnliche Beispiele.

Die Unternehmen Neckermann und Amazon verfolgen dasselbe Vertriebsmodell – den Verkauf einer großen Palette an Produkten an den Endkunden. Der Unterschied liegt jedoch in der Priorität, die dem Verkauf im Unternehmen zugeschrieben wird. Während Vertrieb bei Amazon von Anfang an als Chefsache behandelt wurde, scheint Neckermann ihm diese Bedeutung nicht beigemessen zu haben. Das Ergebnis ist bekannt: Amazon hat sich zum weltweit führenden Online-Händler entwickelt, während Neckermann nach einer langen Geschichte als Versandhaus im Jahr 2012 Insolvenz anmelden musste.[37] 25 Investoren zeigten zunächst Interesse, Neckermann zu übernehmen, winkten dann aber ab. Unter anderem bemängelten sie, dass die IT des Unternehmens veraltet sei.[38] Die Geschäftsführung von Neckermann hatte dem Onlinevertrieb und den dafür nötigen Strukturen nicht die Bedeutung zugemessen, die Amazon zu seinem Vorteil nutzte. Ein erfolgreicher Vertrieb ist also der Grundpfeiler eines jeden Unternehmens. Es ist wichtig, dass der Geschäftsführer ihn wertschätzt, sich mit dem Vertrieb identifiziert und es eben nicht für selbstverständlich hält, dass die eigenen Produkte sich verkaufen. Leider wird Vertrieb oft als etwas Unanständiges angesehen und bei Pressekonferenzen werden Verkaufszahlen oft nur kurz und knapp abgehandelt. Zu viele CEOs bezweifeln vielmehr, dass es Unternehmen und Vertrieb stärken kann, über die eigenen Vertriebserfolge zu sprechen. Ein fataler Irrglaube.

Doch letzten Endes entscheidet der Kunde

Der Geschäftsführer hat also den entscheidenden Einfluss darauf, ob ein Unternehmen langfristig am Markt besteht. Doch damit ist das letzte Wort noch nicht gesprochen. Am Ende entscheiden immer die Kunden, welche Produkte erfolgreich sind und welche Unternehmen erfolgreich bleiben. Das Beispiel Porsche verdeutlicht dies auf eine besondere Weise. Obwohl langjährige Porsche-Fans sagen „Der 911er ist schlichtweg der beste Sportwagen und das bereits seit 58 Jahren."[39], ist mittlerweile der Porsche Cayenne das meistverkaufte Modell des Stuttgarter Automobilherstellers.[40] Das Unternehmen hat sich vom reinen Sportauto-Produzenten zum SUV-Anbieter entwickelt. Ein guter Porsche-Verkäufer sollte also darauf eingehen, was der Kunde nachfragt und mit welchem Porsche-Modell er sich am meisten identifiziert, nicht was seinen Vorstellungen vom Produkt entspricht. Wenn der Kunde einen Porsche fahren will und gleichzeitig einen SUV besitzen möchte, sollte der Verkäufer nicht am Sportwagen-Image festhalten. Wenn der Kunde den Cayenne interessanter findet, entscheidet der Kunde, dass das der beste Porsche ist. Die Verkaufszahlen sagen eindeutig, dass Porsche heutzutage mehr ein Cayenne als ein 911er ist.

Auch in Bezug auf andere Produkte und Branchen gilt: Der Vertrieb entscheidet maßgeblich darüber, wie erfolgreich ein Unternehmen und seine Produkte sind. Ebenso, welche Produkte ein Unternehmen prägen. Wenn die Kassenschlager stiefmütterlich behandelt werden, bleiben auch Innovationen und Marktneuheiten auf der Strecke, weil kein Budget dafür zur Verfügung steht. Es ist daher wichtig, den Fokus auf die Kundenbedürfnisse zu legen und nicht darauf, was am meisten glitzert oder am meisten Prestige einbringt. Wenn ein Unternehmen nicht in der Lage ist, wichtige Kundenbedürfnisse zu bedienen, wird es kaum Markt bestehen. Der amerikanische Autor und Mitgründer der TED-Konferenzen Seth Godin fasst das so zusammen: „Finde nicht Kunden für Deine Produkte, finde Produkte für Deine Kunden."[41] Im Vertrieb besteht die Aufgabe darin, aus der bestehenden Produktpalette genau die Produkte zu identifizieren, die für den jeweiligen Kunden am relevantesten sind. Und im Zweifelsfall den Austausch mit dem Kunden zu nutzen, um die Produkte bereits in der Entwicklungsphase auf die Kundenbedürfnisse zuzuschneiden. Schau Dir die Entstehungsgeschichte von Netflix an: Ursprünglich begann Netflix als DVD-Versanddienst, bei dem Kunden DVDs ausleihen und per Post zurückschicken konnten. Als das Unternehmen jedoch merkte, dass immer mehr Kunden Streaming-Dienste nutzen wollen, entschied es sich, das Geschäftsmodell zu ändern und begann, Inhalte online anzubieten. Heute ist Netflix der weltweit führende Anbieter von Streaming-Unterhaltung mit einem beeindruckenden Portfolio an Originalserien und Filmen.[42] Dies zeigt, dass Unternehmen, die bereit sind, auf die Bedürfnisse und Wünsche ihrer Kunden einzugehen, letztendlich erfolgreicher sind.

Die Rolle des CEOs, wenn eine Marke unter Druck gerät

In vielen Fällen sind Unternehmen in die Bredouille geraten, weil Produkte nicht den Erwartungen der Kunden entsprachen oder Sicherheitsmängel aufwiesen. Darin besteht eine große Herausforderung des Vertriebs: Der Verkäufer wird auch für die Produktqualität verantwortlich gemacht und muss mit den Folgen schlechter Produktqualität umzugehen wissen. Der Umgang des CEOs mit Herausforderungen gibt den entscheidenden Ausschlag, ob diese den Fortbestand des Unternehmens gefährden oder nicht. Die Geschichte der A-Klasse und des Elchtests ist legendär.

Als die A-Klasse 1997 auf den Markt kam, war sie für Mercedes-Benz ein großer Erfolg. Doch dann kam der berüchtigte Elchtest, bei dem das Auto aufgrund von Stabilitätsproblemen bei einem Ausweichversuch in Schweden mit einem simulierten Elch als Hindernis umkippte.[43] Der Vorfall hätte für das Unternehmen zu einem Desaster werden können, aber der damalige CEO, Jürgen Hubbert, reagierte nach anfänglicher Überforderung souverän und transparent. Anstatt den Vorfall zu vertuschen oder zu ignorieren, nahm Hubbert die Verantwortung auf sich und ließ das Auto schnell zurückrufen, um die Probleme zu beheben. Er zeigte auch Humor, indem er jedem Kunden, der eine A-Klasse kaufte, einen Stoffelch als Geschenk gab.

Dieser Elch sollte daran erinnern, dass das Auto nun sicher und zuverlässig war und den Elchtest bestanden hatte. So half er dem Vertriebsteam, im Dialog mit den Kunden zu stehen und den Elefanten beziehungsweise den Elch im Raum beim Autoverkauf und als möglichen Grund für einen Verkaufsabbruch anzusprechen. Diese Reaktion zeigte, dass Hubbert als CEO die Fähigkeit besaß, aus einer schwierigen Situation das Beste zu machen. Anstatt in Panik zu geraten oder die Schuld anderen zuzuschieben, übernahm er Verantwortung und zeigte sich transparent und humorvoll. Dies stärkte nicht nur das Vertrauen der Kunden in die Marke Mercedes-

Benz und deren Verkäufer, sondern auch das Vertrauen der Öffentlichkeit in das Unternehmen. Die Geschichte der A-Klasse und des Elchtests ist ein Beispiel dafür, wie eine kluge und souveräne Reaktion eines CEOs eine Krise in eine Chance verwandeln kann. Es zeigt auch, wie wichtig es ist, Verantwortung zu übernehmen und transparent zu sein, wenn Dinge schief laufen. Mit einem solchen Verhalten kann ein Unternehmen das Vertrauen seiner Kunden und der Öffentlichkeit zurückgewinnen und langfristig erfolgreich sein. Im Gegensatz dazu steht der Skandal um VW und die Dieselaffäre. Hier versuchte das Unternehmen, die Probleme zu vertuschen und die Öffentlichkeit über die tatsächlichen Emissionswerte zu täuschen. Dieses Vorgehen führte zu einem erdbebenartigem Vertrauensverlust und verursachte langfristige Image-Schäden für das Unternehmen.

Die Rolle des CEOs, um Kunden für neue Produkte zu begeistern

Elon Musk schafft es immer wieder, mit seinen Ideen und Unternehmen die öffentliche Aufmerksamkeit auf sich zu ziehen. Eines dieser Unternehmen ist „The Boring Company", welches unterirdische Tunnel für Autobahnen bauen will. Doch wie sollte das finanziert werden? Hier kam Gründer Elon Musk auf eine ungewöhnliche Idee: Er verkaufte Flammenwerfer für sage und schreibe 500 Dollar pro Stück, um das nötige Kapital zu generieren. Innerhalb von nur 24 Stunden waren alle Flammenwerfer ausverkauft.[44] Dabei geht es nicht darum, dass die Kunden ein interessantes und ungewöhnliches Produkt erwerben konnten, sondern vor allem um die Möglichkeit, ein Teil von Musks Visionen und Unternehmen zu sein. Mit seinem persönlichen Einsatz auf Twitter und in den Medien sorgte Musk dafür, dass seine Fans sich sogar für ein Tunnelbau-Unternehmen begeisterten und sein Vorhaben finanziell unterstützten.

Dieses Konzept lässt sich auch auf andere Bereiche wie die Raumfahrt übertragen. Obwohl Raumfahrtprojekte in der Regel enorm kostenintensiv sind, hat es Elon Musk mit SpaceX geschafft, die Branche aufzumischen. Dabei geht es auch hier wieder um die Art und Weise, wie das Produkt verkauft wird. Andere Unternehmen bieten ähnliche Produkte oder Dienstleistungen wie SpaceX an, aber nur Elon Musk schafft es, nicht nur ein Produkt zu verkaufen, sondern Kunden dafür zu begeistern. Dies liegt nicht zuletzt daran, dass er seine Visionen und Ideen überzeugend kommuniziert und seine Kunden so zu Teilhabern an seinen Projekten macht. So fragte er in einem Tweet: „Es muss Gründe geben, warum man morgens aufsteht und leben will. Warum willst Du leben? Was ist der Grund dafür? Was inspiriert Dich? Was liebst Du an der Zukunft? Wenn die Zukunft nicht darin besteht, zwischen den Sternen zu leben und eine Spezies mit mehreren Planeten zu sein, finde ich das unglaublich deprimierend."[45] Viele Musk-Fans finden diese Vision faszinierend und eifern dem SpaceX-Gründer in seiner Begeisterung nach. Ein Gegenbeispiel dazu: ein Indoor-Spielplatz bei mir um die Ecke. Ich vermute, es ist der einzige Spielplatz, der je in Europa pleite gegangen ist. Einfach nur, weil die Betreiber es nicht schafften, ein überzeugendes Konzept auf die Beine zu stellen, das die Zielgruppe ansprach. Statt sich auf die Bedürfnisse spielender Kinder zu konzentrieren, kamen sie auf die glorreiche Idee, einen intellektuell herausfordernden Spielplatz gestalten zu wollen. An sich eine interessante Idee, allerdings entscheiden sich Fünfjährige im Zweifelsfall eher für einen Abenteuerspielplatz, auf dem sie Türme erklettern und sich austoben können, als einen Spielplatz, auf dem sie Rätsel lösen und kindgerechte Quizfragen beantworten sollen.

Hinzu kam, dass der intellektuell ansprechende Spielplatz den doppelten Eintritt kostete, was sein Schicksal besiegelte. Wie sich zeigte, möchten Kinder in erster Linie Spaß haben und Eltern möchten ihren Kindern die Möglichkeit geben, ihre Energie rauszulassen, sodass sie nicht daheim durch die Wohnung toben. Hier gilt es also zu trennen: Das eine ist, was man vielleicht darstellen will, das andere ist, was der Kunde möchte. Da der Indoor-Spielplatz kommunal betrieben wurde und der Geschäftsführer fehlte, war niemand persönlich involviert. Stattdessen entschied die Kommune alles. Das hieß im Klartext: Niemand haftete persönlich, das Projekt war fremdfinanziert, wie das bei kommunalen Projekten nun mal so ist.

Keiner der Beteiligten sah die Verantwortung für den Erfolg des Spielplatzes bei sich, sondern reichte sie weiter wie ein Stück trockenes Gebäck beim Kaffeekränzchen. Wenn es eine persönliche Haftung gibt, überlegen sich Unternehmer dagegen, wie sie ihre Produkte verkaufen können. Die Kunst des Verkaufens liegt darin, die Bedürfnisse der Kunden zu verstehen und das Produkt so zu präsentieren, dass es attraktiv erscheint. In diesem Sinne bietet der traurige Fall des Indoor-Spielplatzes bei mir um die Ecke eine wichtige Lektion: Ohne eine kluge Verkaufsstrategie kann selbst die beste Idee zum Scheitern verurteilt sein. Es gibt sicher auch einen Bedarf an kindgerechten, intellektuell herausfordernden Schnitzeljagden, nur sollte ein solches Konzept eben nicht als Spielplatz beworben werden. So etwas bedient andere Kundeninteressen und braucht ein anderes Branding. Zum Beispiel: „Escape rooms for Kids". Wie es der Gründer von Walmart, Sam Walton, ausdrückte: „Es gibt nur einen Chef. Den Kunden. Und er kann jeden in der Firma feuern, vom Vorstandsvorsitzenden an abwärts, indem er sein Geld einfach woanders ausgibt."[46] In diesem Fall entschieden eben die Kinder, dass sie lieber woanders spielen.

Unternehmen müssen auf die Bedürfnisse und Wünsche ihrer Kunden eingehen, um erfolgreich zu sein. Der Vertrieb spielt hier eine entscheidende Rolle, da er sicherstellt, dass die Produkte auf dem Markt präsent sind und für den Kunden zugänglich gemacht werden. Dem Verkäufer kommt die Schlüsselrolle des Vermittlers zu, der im ersten Schritt die Kundenbedürfnisse versteht und im zweiten Schritt das passende Produkt auf eine Weise an den Kunden verkauft, die für diesen die Relevanz des Produkts klar ersichtlich macht. Durch eine gelungene Verkaufspräsentation erschließt sich dem Kunden, inwiefern das Produkt seine Wünsche erfüllt. Diese Rolle und Verantwortung obliegt in erster Linie dem CEO. Indem Du als Geschäftsführer die Rolle des Vertriebs hervorhebst, stellst Du sicher, dass Dein Unternehmen sich genau darauf ausrichtet, was es langfristig erfolgreich macht: das Erfüllen wichtiger Kundenbedürfnisse. Der Vertrieb ist gleichzeitig der Schlüssel zum Verstehen möglicher Probleme – wo erfüllt Dein Produkt die Kundenbedürfnisse noch nicht ausreichend – und der Lösungsansatz. Durch gelungenen Vertrieb wird dem Kunden erst vor Augen geführt, inwiefern das Produkt für ihn geeignet ist.

RENÉ GROSSE-VEHNE

GESCHÄFTSFÜHRER GV MANAGEMENT GMBH

Führung ist ein zentrales Thema, das vom Chef vorgelebt wird, um so eine langfristige Kundenbindung zu schaffen.

René Große-Vehne, Geschäftsführer der GV Management GmbH, bringt eine klare und kundenorientierte Perspektive in die Rolle des Vertriebs in seinem Unternehmen. Nach seiner kaufmännischen Ausbildung bei Mercedes-Benz und seinem Betriebswirtschaftsstudium an der WWU Münster, trat Große-Vehne 2005 in das Familienunternehmen ein. Heute besteht das Transport- und Logistiknetzwerk GV Trucknet aus 13 unabhängigen Firmen mit 2.700 Mitarbeitenden.

Für Große-Vehne steht der Kunde bzw. die Kundin im Zentrum der Vertriebsaktivitäten. Er betont die Wichtigkeit von gemeinsamer Entwicklung und Qualität in der Vertriebsstrategie. Diese Begriffe charakterisieren auch seine Sicht auf die Vertriebsentwicklung der letzten zehn Jahre: Mit dem Ziel, stets höchstmögliche Dienstleistungsqualität zu gewährleisten, gilt es, sich den Aufgaben und Herausforderungen gemeinsam mit Kunden und Mitarbeitenden zu stellen. In der Führung sieht Große-Vehne ein zentrales Thema, das vom Chef vorgelebt wird, um so eine langfristige Kundenbindung zu schaffen. Aus seiner Sicht brauchen junge Vertriebsmitarbeitende vor allem Freude an der Arbeit mit Menschen und Interesse an der Aufgabe und am Produkt. Sie sollten operatives Knowhow entwickeln, Vertriebsthemen auch intern besprechen und am Ende die „entscheidenden Meter" mehr gehen wollen.

Große-Vehne betont die besonderen Herausforderungen seiner Branche in einem Polypol und das daraus resultierende Vertriebsmanagement. In einem Einkäufermarkt besteht die Aufgabe darin, Kund:innen mit Qualität, Flexibilität und Kundennähe sowie einem marktgerechten Preis zu begeistern. Das ultimative Ziel ist es, die Ansprüche und Wünsche des Kunden oder der Kundin nicht nur zu erfüllen, sondern zu übertreffen. Das beste Gesamtpaket für alle Kunden zu bieten, ist für Große-Vehne der Schlüssel zum langfristigen Erfolg.

7
Der Vertrieb ist das Herzstück Deines Unternehmens

Als Unternehmer bist Du von zahlreichen Anforderungen und Aufgaben umgeben, die tagtäglich um Deine Aufmerksamkeit konkurrieren. Viele Geschäftsführer beschäftigen sich lieber mit Regulatorik, Verordnungen oder ihren Dashboards, anstatt sich mit dem unliebsamen Thema Vertrieb auseinanderzusetzen. Es kann herausfordernd sein, alle Unternehmensbereiche im Auge zu behalten und das Gesamtbild im Blick zu behalten. Produktentwicklung und Marketing müssen dem Vertrieb zuspielen, um Deinen Vertrieb erfolgreich zu machen. Gerade wenn der Vertrieb zeitweise problemlos und beinahe wie von selbst läuft, gerät er zunehmend aus dem Fokus. Wie ein Boot auf einem Fluss in Richtung Meer fährt er ruhig und stetig vor sich hin. Wir brauchen nicht einmal den Motor anwerfen oder die Segel setzen, um voranzukommen. Wir kommen aus fetten Jahren, in denen Vertrieb nicht die Herausforderung war: Wir hatten eine Phase steigender Löhne und beinahe Vollbeschäftigung. In Deutschland lag die Arbeitslosenquote der letzten Jahre um die fünf Prozent – seit 2005, wo sie beinahe zwölf Prozent erreichte, ist sie stetig gefallen.[47] Ich habe neulich mit einem Immobilienmakler gesprochen, der meinte, dass sein einziges Ziel war, nicht ein zweites Mal zum Objekt fahren zu müssen, sondern das Haus bei der ersten Besichtigung vom Fleck weg zu verkaufen. Unternehmen haben sich in dieser Phase eine gewisse Überheblichkeit angewöhnt.

Ich habe neulich gehört: „Der Kunde steht immer im Mittelpunkt. Wer im Mittelpunkt steht, steht im Weg." Einige Manager verbringen viel Zeit damit, sich mit ihrem Unternehmen und dessen Identität auseinanderzusetzen, anstatt sich auf ihre Kunden und deren Bedürfnisse zu konzentrieren. Sie beschäftigen sich mit der Entwicklung von Kulturprozessen und dem Finden des „Purpose" des Unternehmens. Nehmen wir das Unternehmen WeWork, das sich auf die Schaffung einer einzigartigen Unternehmenskultur konzentriert hat. Trotz einer beeindruckenden Vision und einem einzigartigen Konzept ging das amerikanische Unternehmen unter. Der Mitgründer Adam Neuman verfolgte die Vision, das Konzept von Coworking-Räumen zu revolutionieren und eine Gemeinschaft von Unternehmern zu schaffen, die hart arbeiteten und hart feierten. WeWork unterschied sich von anderen Coworking-Unternehmen durch seine Kultur, die Energie und Gemeinschaftsgefühl vermittelte. Die Kultur der Firma wurde als so wichtig angesehen, dass neue Mitarbeiter „WeWork" schreien mussten, bis sie rot im Gesicht waren.

Die Kunden wurden da zur störenden Nebensache. Ein ehemaliger WeWork-Kunde, ein Technologie-Start-Up, nutzte die interne Datenbank von WeWork, um die Abwanderungsrate der Kunden zu ermitteln. WeWork forderte das Unternehmen auf, den Blogartikel mit diesen Daten zu entfernen, und als sie sich weigerten, wurden sie mit einer Frist von einer Stunde aus ihrem WeWork-Büro geworfen. Die Geschichte zeigt, dass WeWork so sehr von ihrer eigenen Marke und Philosophie überzeugt waren, dass sie nicht verstehen wollten, warum ihre Kunden das Unternehmen verließen. Diese Blindheit gegenüber den eigentlichen Problemen führte letztendlich zum Zusammenbruch des Unternehmens. Innerhalb von nur sechs Wochen rutschte das Unternehmen von einem Marktwert von 47 Milliarden Dollar in die Insolvenz.[48]

Warum Du Vertrieb in den Mittelpunkt stellen musst

Wenn ein Großteil der deutschen Unternehmen vor der Wahl stünde, dass ihr Umsatz um 30 Prozent sinken würde, aber sie dafür keinen Vertrieb mehr machen müssten, würden fast alle unterschreiben. Weil sie Vertrieb ohnehin nur für einen Störfaktor ihres Systems halten.

Jeder, der einmal in einer Kunden-Hotline festhing, kennt das: Die großen Unternehmen wollen gar nicht mehr mit den Kunden reden. Sie wollen sie abwimmeln. Über Kontaktformulare, Warteschlangen und Ähnliches. Es gibt gar keine Telefonkontakte mehr. Doch unser Boot gleitet inzwischen nicht mehr mühelos dahin auf ruhigem Fahrwasser. Bei Vodafone oder Telekom komme ich am Telefon nicht durch. Ihnen steht ihren Kunden im Weg – Callcenter und Kundenservices sind notwendige Übel.

Als Amazon-Kunde dagegen habe ich innerhalb von Minuten einen echten Ansprechpartner am Telefon. Den Vertrieb zurück in den Mittelpunkt zu stellen, heißt also zwangsläufig auch, die Gedanken zurück zum Kunden zu bringen: Was musst Du dem Kunden bieten, damit er bei Dir und nicht der Konkurrenz kauft? Wie kommst Du mit ihm in Kontakt? An welchem Punkt musst Du ihn abholen? Wie wichtig ist er als Kunde? Über welchen Kanal erreichst Du ihn? Das sind Erfolgsindikatoren des Vertriebs, die Du als Geschäftsführer kennen solltest. Herauszufinden, was der Kunde über Dein Unternehmen denkt, ist deutlich einfacher, wenn Du Dich nicht vor dem direkten Austausch mit Deinen Kunden scheust, sondern ihn aktiv suchst.

Lerne Deinen Kunden kennen

Als CEO musst Du wissen, wie viel Dein Kunde kauft, und was er kauft: Wie viel Umsatz erhältst Du pro Kunde im Laufe seines Lebens? Customer Lifetime Value ist das Stichwort der Stunde. Den kennen die meisten CEOs heutzutage nicht mehr. Der Customer Lifetime Value kann mit einem Apfelbaum verglichen werden. Ein Unternehmen pflanzt den Samen und pflegt den Baum. Der Baum trägt im Laufe der Zeit immer mehr Äpfel und wird somit immer wertvoller für denjenigen, der ihn gepflanzt hat. Genau wie ein Gärtner benötigt ein Verkäufer Geduld und Engagement, um langfristige und profitable Kundenbeziehungen aufzubauen. Er kann dem Samen nicht ansehen, wie viele Äpfel er später einmal produzieren wird, aber er kann Vergleichswerte anderer Apfelbäume heranziehen.

Erst einmal gilt es, überhaupt Kontakt zum Kunden herzustellen, um die Kunden-Verkäufer-Beziehung in Gang zu setzen. Ohne Termine und persönliche Interaktion kann selbst das beste Produkt nicht erfolgreich vermarktet werden. Wenn Du keine Samen anpflanzt, kannst Du lange auf die erste Apfel-Ernte warten. Es ist daher unerlässlich, aktiv auf potenzielle Kunden zuzugehen. Ihnen die Vorzüge der Produkte zu präsentieren und zu messen, wie erfolgreich Deine Kundenansprache ist. Wie sollst Du sie sonst optimieren und Deine Marketingausgaben am richtigen Ende investieren? Es reicht bereits, zu messen, wie sich Deine aktuellen Tätigkeiten auswirken und die Prozesse entsprechend zu verbessern.

Ich habe einmal eine Firma aus der Kleidungsbranche beraten. Wir haben gemeinsam Prospekte entworfen. Diese Firma designte seit 60 Jahren Prospekte und verschickte sie, ohne zu wissen, wie diese Prospekte sich auf die Verkaufszahlen auswirken. Das ist eine große Firma mit mehreren hundert Millionen Euro Umsatz pro Jahr. Doch sie dachten nie daran, zu messen, ob ihre Prospekte überhaupt Wirkung zeigen. Weil DAX-Unternehmen nach Kundenströmen gemessen werden, nicht nach Kundenzufriedenheit oder Loyalität, legen sie ihren Fokus meist darauf, Neukunden zu gewinnen, anstatt Bestandskunden zu halten und zu belohnen. Dabei bezieht sich Vertrieb immer auf die gesamte Customer Journey. Die Frage ist: wie gut gehst Du mit einem Kunden um, wenn er anruft? Oder wenn er kündigt? Dein Verhalten bestimmt über die Beziehung Deines Kunden zu Dir und damit darüber, ob und wie oft er bei Dir wieder kauft. Niemand kauft bei einem Miesepeter, wenn er nicht muss. Und inzwischen müssen nur noch die wenigstens Kunden. Bei Mietern habe ich gelernt, gibt es drei Phasen, die für mich als Verkäufer relevant sind: Vor dem Einzug, beim Wohnen und nach dem Auszug. Ich muss als Vermieter oder Makler alle drei Phasen in meinen Vertriebsprozess berücksichtigen. Folglich musst Du als erster Verkäufer Deines Unternehmens stets die ganze potenzielle Kundenbeziehung in den Blick nehmen, wenn Du Deinen Vertrieb nachhaltig aufbauen willst.

Wenn Dein Unternehmen ein menschlicher Organismus wäre

„Nichts passiert, bis jemand etwas verkauft", sagte der Verkäufer Arthur H. Motley in einer Rede. Er wurde 1946 zum Präsidenten und Herausgeber des noch jungen Magazins „Parade" in den USA ernannt. Unter seiner Leitung mauserte es sich zu einer der profitabelsten Sonntagsbeilagen in der Geschichte der Zeitungen. Als Motley 1946 zu Parade kam, war das Magazin fünf Jahre alt und machte tausende Dollar Verlust. Dank Motleys Management konnte Parade sich innerhalb von zwei Jahren aus den Schulden befreien. „Er ist der beste Verkäufer, den Gott je erschaffen hat", sagte einer seiner Kollegen 1959, als die Auflage von Parade zehn Millionen erreichte – fünfmal so viel wie bei Motleys Amtsantritt. Damals erschien die Beilage in 132 Zeitungen und hatte eine Auflage von mehr als 24 Millionen.[49]

Ein Unternehmen ohne Vertrieb ist nicht überlebensfähig. Manche Abteilungen glauben fest an ihren Selbstzweck und vergessen, dass das Unternehmen ohne Kunden nicht lange existieren wird. Doch welche Gewinne sollte das Marketing ohne Vertrieb als Ertrag verbuchen? Wofür sollte die Produktion Produkte herstellen? Alle Abteilungen hängen zusammen, aber werden letzten Endes ausschließlich vom Vertrieb versorgt.

Das Marketing kann als das Gehirn angesehen werden, das Strategien entwickelt und die Bedürfnisse der Kunden analysiert. Die Buchhaltung fungiert als Skelett des Betriebs, das die finanzielle Struktur und den Überblick über die Ausgaben und Einnahmen des Unternehmens aufrechterhält. Die Produktion ist vergleichbar mit einem Muskel- und Organsystem, da sie die Produkte oder Dienstleistungen tatsächlich herstellt und entwickelt. Das Herz eines Unternehmens ist der Vertrieb. Der Cashflow das Blut in den Adern. Nur wenn Einnahmen durch Verkäufe generiert werden, können alle Abteilungen mit Budget versorgt werden. Wenn es aufhört zu schlagen, wird das Unternehmen langfristig nicht überleben können. Natürlich können wir auch ohne Gehirn nicht überleben oder uns ohne Muskeln und Knochen nicht bewegen. Doch kein anderes Organ ist für sämtliche Prozesse im Körper so zentral wie unser Herz. Es ist mit allen anderen Organen und Körperregionen verknüpft. So wie der Vertrieb im Unternehmen mit allen anderen Bereichen verknüpft ist. So wie das Herz, das Gehirn, das Skelett und die Muskeln im Körper zusammenarbeiten, um die Funktionen des Körpers aufrechtzuerhalten, müssen auch die Abteilungen eines Unternehmens eng zusammenarbeiten, um erfolgreich zu sein.

Vertrieb findet oft unbemerkt statt. Doch jedes Produkt und jede Dienstleistung muss vertrieben werden, seien es Weiterbildungen, Musikstücke oder sogar Behandlungen beim Zahnarzt. Selbst bei der Beratung in der Zahnarztpraxis wird einem meist zusätzliche Prophylaxe und eine Reihe an Behandlungsmöglichkeiten angeboten. Auch das ist Vertrieb. Wir nehmen es nur nicht als solchen wahr, weil der Arzt eine Vertrauensperson für uns darstellt und wir nicht mit einer Kaufabsicht in einen Laden eintreten. Vertrieb ist kontextabhängig.

Vertriebsorientierung und die Beteiligung des CEOs als Schlüssel zum Unternehmenserfolg

Die Bedeutung des Vertriebs als Motor des Unternehmens hat sicherlich keiner so gut verstanden wie Reinhold Würth. Er baute Würth von einem kleinen Betrieb zu einem international tätigen Handelskonzern für Schrauben, Montage- und Werkzeuge für Handwerker auf. Auch heute noch tritt er gelegentlich bei Vertriebsgesprächen auf und unterstützt damit das Unternehmen dabei, Kundenbeziehungen zu pflegen und auszubauen. Reinhold Würth hebt stets die Bedeutung des Vertriebs für den Erfolg seines mittlerweile milliardenschweren Unternehmens hervor: „Der Außendienst ist zu 90 Prozent für den Erfolg des ganzen Unternehmens verantwortlich. Dahinter kommen die Informatiker mit fünf Prozent, und der ganze Rest kommt auch nochmal auf fünf Prozent." Der Vertrieb erfolgt dabei über verschiedene Kanäle, aber der Außendienst spielte für Würth stets eine besondere Rolle: „Am wichtigsten sind die Verkäufer: Denn wenn die Außendienstler zwei Tage lang im Bett bleiben, wäre unser Betrieb tot. Und wenn keine Aufträge mehr kommen, dann haben die ganzen Leute hier nichts mehr zu tun, dann können sie heimgehen."[50]

Der CEO sollte Vertriebsmöglichkeiten wahrnehmen und aktiv vorantreiben, da von ganz oben das Geschäft am schnellsten geht. Von einem CEO zum anderen verhandelt man auf Augenhöhe und kann schnell grundlegende Entscheidungen treffen. Es ist befremdlich, wenn der CEO bei wichtigen Geschäften nicht dabei ist – das sieht so aus, als hätte der Vertrieb nicht den Rückhalt der Geschäftsleitung. Es ist wichtig zu verstehen, dass Vertrieb nicht nur ein Verkaufsgespräch ist, sondern auch den Aufbau sowie den Erhalt von Beziehungen und Vertrauen beinhaltet. Als Geschäftsführer kannst Du die Firma in den ersten Vertriebsgesprächen am besten repräsentieren und am Anfang einer Geschäftsbeziehung schnell Vertrauen schaffen. Im

Anschluss kann die Vertriebsabteilung eigenständig weitermachen. Wenn Du nur das Produkt in den Fokus stellst, vernachlässigst Du den Vertrieb und riskierst, dass das Blut im Körper Deines Unternehmens nicht richtig zirkulieren kann. Dies erfordert ein Umdenken bei vielen Unternehmen, die den Vertrieb oft als separate Abteilung betrachten und nicht als Kern des Unternehmens. Du solltest den Vertrieb als integralen Bestandteil des Unternehmens betrachten. Er ist der letzte, aber entscheidende Schritt auf dem Weg zum Erfolg.

Warum Du den Vertrieb nicht aus der Hand geben solltest

Ich behaupte: Die heutigen CEOs verstehen den Vertrieb nicht mehr. Vor 100 Jahren wäre es undenkbar gewesen, dass ein Unternehmen ohne Vertriebskenntnisse am Markt bestehen könnte. Aber heute, in Zeiten von digitalen Plattformen und externen Vertriebspartnern, wird der Vertrieb oft unterschätzt und outgesourct. Der Vertrieb hat den Nachteil, dass er extrem mühselig ist. Kein Wunder also, dass er stiefmütterlich behandelt und wenn möglich in andere, vermeintlich kompetentere Hände abgegeben wird. Verkaufen – sei es online oder offline – bedeutet viel Aufwand und Stress. Klassisches Klinkenputzen nimmt viel Zeit in Anspruch. Heute ist LinkedIn das digitale Äquivalent zum klassischen Klinkenputzen, aber auch hier kostet jedes Erstgespräch Überwindung. Es ist verständlich, dass CEOs und Gründer deshalb oft keine Lust auf Vertrieb haben. Doch wer den Vertrieb aus der Hand gibt, gibt die größte Macht im Unternehmen aus der Hand.

Dieses Schicksal ereilte auch Ankerkraut. Die Gründer waren mit dem Vertrieb ihrer Produkte überfordert und beschlossen, sich bei „Die Höhle der Löwen" zu bewerben. Das Unternehmen aus Hamburg stellt Gewürze her und hat sich insbesondere durch eine hohe Produktqualität, kreative Geschmacksrichtungen und ein ansprechendes Design einen Namen gemacht. In der Sendung „Die Höhle der Löwen" konnte das Unternehmen zwar erfolgreich Frank Thelen als Investor gewinnen und seitdem sein Sortiment erweitern und seine Präsenz im Einzel- und Onlinehandel ausbauen.[51] Doch das Beispiel Ankerkraut zeigt, dass die Auslagerung des Vertriebs an einen externen Partner oftmals den weiteren Weg vorzeichnet: Im Jahr 2022 übernahm Nestlé die Mehrheit der Anteile am Gewürzunternehmen und die Gründer sind nun nur noch als Markenbotschafter aktiv.[52] Unternehmen, die langfristig Erfolg haben und gleichzeitig unabhängig bleiben wollen, müssen interne Vertriebskompetenzen entwickeln.

Dafür ist es essenziell, dass der oder die Geschäftsführer Vertrieb verinnerlicht haben. Ein Geschäftsführer ohne Leidenschaft fürs Verkaufen ist wie ein Fußballtrainer, der keine Ahnung hat, wie man Tore schießt – er wird Schwierigkeiten haben, seine Mannschaft erfolgreich zu führen und zu gewinnen.

Warum erfolgreiche CEOs auch interne Verkäufer sein müssen

Gute Unternehmer verkaufen nicht nur ihre Produkte und Dienstleistungen an Kunden, sondern auch ihre Vision und Ziele nach innen, an ihre Mitarbeiter und Teams. Sie verstehen, dass ein gemeinsames Verständnis und eine gemeinsame Mission für den Erfolg des Unternehmens von entscheidender Bedeutung sind. Dabei ist es wichtig, dass die Mitarbeiter die Vision und Ziele des Unternehmens verstehen und sich damit identifizieren können.

Das beweist vor allem das Unternehmen Salesforce und dessen Gründer Marc Benioff. Salesforce gilt mit einem Marktanteil von 20 Prozent als der erfolgreichste Anbieter von CRM-Lösungen (Customer Relationship Management) weltweit. Das Unternehmen hat es geschafft, den Vertrieb seiner Software-Lösungen durch ein erfolgreiches Netzwerk von Partnern und Consultants zu skalieren. Durch gezieltes Partner-Marketing und Schulungen konnte Salesforce ein Netzwerk von etwa 2.000 autorisierten Partnern aufbauen, die ihre Software-Lösungen weltweit vertreiben und die Salesforce-Kunden direkt betreuen.[53]

Salesforce setzt aber auch auf eine starke Onlinepräsenz. Durch die sinnvolle Kombination beider Wege hat Salesforce es geschafft, den Vertrieb erfolgreich zu skalieren und dabei gleichzeitig ein hohes Maß an Kundenbindung aufrechtzuerhalten. Salesforce-Geschäftsführer Benioff ist bekannt für seine Innovationskraft und seine soziale Verantwortung, insbesondere seine Philanthropie. Salesforce wird regelmäßig vom Fortune-Magazin unter die Top 5 der besten Arbeitgeber weltweit gewählt, was auch auf die Führung und Vision von Marc Benioff zurückzuführen ist, denn die Verwaltung eines weitreichenden Vertriebsnetzwerkes in Kombination mit Onlinevertrieb ist ein Balanceakt, der vor allem begeisterte Mitarbeiter im Vertrieb erfordert.[54] „Um wirklich erfolgreich zu sein, müssen Unternehmen eine Unternehmensmission haben, die über die Gewinnerzielung hinausgeht.

Wir versuchen dies bei salesforce.com zu befolgen, indem wir ein Prozent unseres Eigenkapitals, ein Prozent unserer Gewinne und ein Prozent der Zeit unserer Mitarbeiter an die Gemeinschaft abgeben. Durch die Integration von Philanthropie in unser Geschäftsmodell haben unsere Mitarbeiter das Gefühl, dass sie in unserem Unternehmen viel mehr tun als nur arbeiten. Indem wir eine gemeinsame und wichtige Mission teilen, sind wir vereint und fokussiert und haben eine Geheimwaffe gefunden, die sicherstellt, dass wir immer gewinnen", fasst Benioff seine Überzeugung zusammen.[55]

Insgesamt zeigt sich also, dass erfolgreiche Unternehmer nicht nur nach außen verkaufen, sondern auch nach innen. Sie haben eine klare Vision, die sie ihren Mitarbeitern vermitteln und sie für diese Idee begeistern können. Diese Vision beinhaltet, dass Vertrieb als integraler Bestandteil des Unternehmens betrachtet wird und die entsprechende Aufmerksamkeit auf allen Unternehmensebenen erhält, anstatt ausgelagert zu werden. Eine solche vertriebszentrierte Vision ermöglicht es dem Unternehmen, erfolgreich zu sein und sich von der Konkurrenz abzuheben.

CHRISTIAN LUDL

**GESCHÄFTSFÜHRER
BRICKS & MORTAR IMMOBILIEN
THANNHAUSEN GMBH**

Der Vertrieb ist bei uns das Herzstück und
die Lunge des Unternehmens.

Christian Ludl, Geschäftsführer von Bricks Mortar Immobilien Thannhausen GmbH und Autor von „Die Kunst des Verkaufens", ist ein lebendiges Beispiel für Durchhaltevermögen und Erfolg trotz aller Widrigkeiten. Trotz eines von persönlichen Tragödien geprägten Hintergrunds hat er sich durch eine Vielzahl von Berufen und Erfahrungen gekämpft, um sich schließlich erfolgreich in der Immobilienbranche zu etablieren.

Christian Ludl legt besonderen Wert auf den Vertrieb, den er als „Herzstück" und „Lunge" des Unternehmens bezeichnet. Er sieht die Entwicklung von Verkauf und Vertrieb in den letzten zehn Jahren vor allem durch Digitalisierung, persönliche Kompetenz und einen zunehmenden Käufermarkt geprägt. Automatisierung und die Nutzung digitaler Plattformen haben den Verkaufsprozess erheblich beschleunigt und vereinfacht. Gleichzeitig hat der persönliche Aspekt an Bedeutung gewonnen, wobei ein Verkäufer oder eine Verkäuferin laut Christian Ludl die Fähigkeit haben muss, sich an die Bedürfnisse des Kunden anzupassen, ähnlich wie ein Chamäleon.

In der Führung betont Christian Ludl die Wichtigkeit von Motivation und Unterstützung für die Vertriebsmitarbeitenden, um ihre volle Leistungsfähigkeit zu entfalten. Er glaubt, dass klare Ziele, effektive Planung, professionelle Führung sowie dynamische Prozesse entscheidend für erfolgreiches Vertriebsmanagement sind. Sein Ratschlag an junge Vertriebsmitarbeitende lautet, Leidenschaft zu entwickeln, echtes Interesse an den Kunden zu zeigen und Fehler als Teil des Erfolgsprozesses zu betrachten. Die Immobilienbranche, in der Christian Ludl tätig ist, hält er für einzigartig, da sie auf Vertrauen und emotionalen Aspekten basiert. Er sieht es als Privileg an, mit den wertvollsten Besitztümern der Menschen – ihren Häusern – zu handeln, und diese Verantwortung trägt er mit Stolz und Hingabe.

8

Warum 9 von 10 Start-Ups scheitern

Eine der größten Hürden für ein Start-Up besteht darin, dass die Gründer zwar phänomenale Produkte entwickeln, aber sie kaum erfolgreich verkaufen. Sie sind so sehr davon überzeugt und in technische Details vernarrt, dass sie glauben, dass das Produkt sich von selbst verkauft. So geschehen bei Juicero, das eine teure Saftpresse herstellte, die mit speziellen Saftbeuteln betrieben wurde. Die Gründer waren so überzeugt von ihrer Idee, dass sie in der ersten Finanzierungsrunde 120 Millionen Dollar einsammeln konnten, bevor das Produkt überhaupt auf den Markt kam. Als das Produkt schließlich eingeführt wurde, stellte sich heraus, dass die teure Saftpresse durch einfaches Drücken der Saftbeutel von Hand ersetzt werden konnte. Das führte zu öffentlicher Kritik an dem Unternehmen und schließlich zu dessen Zusammenbruch.[56] Dies zeigt, dass es wichtig ist, nicht nur von der Idee begeistert zu sein, sondern auch sicherzustellen, dass das Produkt tatsächlich einen echten Bedarf auf dem Markt erfüllt und dass der Vertriebsprozess ordnungsgemäß geplant und umgesetzt wird.

Fremdkapital verschiebt die Dringlichkeit von Vertrieb in die Zukunft

Ein weiterer Grund für das Scheitern von Unternehmen an der Herausforderung Vertrieb besteht oftmals darin, dass die Gründer in einem frühen Start-Up-Stadium Investoren an Bord holen. Dadurch ist ihr Gehalt zunächst gesichert und sie haben keinen akuten Zwang, sich auf den Vertrieb zu konzentrieren. Die Investoren sind bereit, Geld in das Unternehmen zu stecken, ohne dass das Unternehmen zu diesem Zeitpunkt bereits etwas verkauft hat. Um im Bild zu bleiben, könnte man sagen, dass extern finanzierte Unternehmen an eine Herz-Lungen-Maschine angeschlossen werden, die den Körper am Leben erhalten, auch wenn das Herz nur schwach oder gar nicht schlägt. Das sollte natürlich nur eine kurzfristige Übergangslösung sein. Auf Dauer wird so der Herzmuskel der Herausforderung irgendwann nicht mehr gewachsen sein, den Körper selbst mit Blut zu versorgen.

Es gibt Menschen, die Anteile an Flugtaxen kaufen, die noch nicht einmal gebaut worden sind, in der Hoffnung, dass das Unternehmen in der Zukunft erfolgreich sein wird. Diese Investoren wetten auf das Potenzial des Produkts, anstatt auf seine aktuelle Leistung. Das ermöglicht Start-Up-Gründern, eine vermeintliche Abkürzung zum Erfolg zu nehmen, indem sie das Produkt an Investoren und nicht an tatsächliche Endkunden verkaufen. Doch die Wette kann auch nach hinten losgehen, wie Theranos bewiesen hat. Es überzeugte zunächst Investoren mit einer innovativen Technologie zur Blutuntersuchung. Doch dann stellte sich heraus, dass das Unternehmen gar keine funktionierende Technologie für Blutuntersuchungen besaß. Zu diesem Zeitpunkt hatten die Investoren jedoch bereits mehrere Hundert Millionen Dollar in das Unternehmen investiert, da sie von der innovativen Idee und dem Potenzial des Unternehmens überzeugt waren. Als die Wahrheit ans Licht kam, erlitten sie erhebliche finanzielle Verluste und das Unternehmen wurde Gegenstand von Klagen und strafrechtlichen Ermittlungen.[57] Natürlich gibt es auch jede Menge Beispiele, bei denen die Wette für die Investoren und Unternehmer aufging. Allen voran natürlich Facebook. Das Unternehmen hatte eine Wette darauf abgeschlossen, dass es irgendwann mit Daten und Werbung Geld verdienen würde. Bis dahin sammelte es erst einmal Geld von Investoren ein, die ihrerseits darauf wetteten, dass es sich irgendwann auszahlen würde. Im Fall von Facebook behielten sie recht. Das im Jahr 2004 von Mark Zuckerberg gegründete Unternehmen erzielte 2008 einen Umsatz von etwa 270 Millionen US-Dollar. Ein Jahr später verzeichnete Facebook zum ersten Mal einen Gewinn.[58]

Auch Investoren, die frühzeitig in Facebook investiert hatten, mussten also fünf Jahre warten, bis das Unternehmen profitabel wurde. Trotzdem hat sich die Investition für viele ausgezahlt, da Facebook bzw. Meta heute als eines der wertvollsten Unternehmen der Welt gilt. Andererseits steht es für sein Geschäftsmodell auch immer wieder im Zentrum der Kritik und musste sich bereits mehrmals vor dem US-Senat verantworten. Ob es also hier als positives Beispiel gelten kann, ist fraglich. Im Schnitt schafft nur eines von zehn Start-Ups den Sprung über die Finanzierungsrunden hinaus in die reale Geschäftswelt und kann durch seinen Vertrieb auf eigenen Füßen stehen. Die anderen neun versagen beim Versuch, einen stabilen Umsatz zu generieren. Um erfolgreich zu sein, müssen Start-Ups lernen, dass Vertrieb und Marketing vom ersten Tag an dazugehören. Der klassische Gründer ist oft ein Erfinder, aber kein Verkäufer. Es ist wichtig, dass das Unternehmen jemanden hat, der das Thema Vertrieb und Marketing verknüpft und dafür sorgt, dass das Produkt erfolgreich verkauft wird. Im Idealfall füllt einer der Gründer diese Rolle zumindest teilweise aus.

Vertrieb muss organisch wachsen

Ein reibungslos laufender Vertrieb schießt nicht von heute auf morgen aus dem Boden. Er muss sich entwickeln. Organisch. Angenommen, Du hast ein Start-Up gegründet, das sich auf die Herstellung von nachhaltigen Reinigungsmitteln spezialisiert hat. Dein erster Schritt im Vertriebsprozess könnte sein, lokale Reinigungsdienste und kleine Einzelhändler in Deiner Stadt aufzusuchen und Deine Produkte vorzustellen. Du könntest auch an lokalen Messen und Veranstaltungen teilnehmen, um Dein Unternehmen und Deine Produkte bekannt zu machen. Wenn Du auf diese Weise organisch wächst, sammelst Du wertvolle Erfahrungen für eine stabile Basis Deines Geschäftes. Mit der Zeit erweiterst Du Dein Netzwerk, sprichst größere Einzelhändler und sogar Supermärkte an, indem Du zum Beispiel auf Messen ausstellst und Deine Produkte bei regionalen Einkaufsverbänden vorstellst. Es ist wichtig, hartnäckig und konsequent zu bleiben und sich darauf zu konzentrieren, langfristige Kundenbeziehungen aufzubauen, um nachhaltiges Wachstum und Erfolg zu erzielen.

Der Vertriebsaufbau ist ein Prozess, der Zeit benötigt. Man kann sich an erfolgreichen Gründern wie Dirk Rossmann oder den Albrecht-Brüdern orientieren, die mit einem kleinen Laden begannen und organisch wuchsen. Es ging zu Beginn nicht anders, da sie das Risiko selbst trugen. Der Gründer der Rossmann-Kette und die späteren Aldi-Inhaber haben erfolgreich bewiesen, dass ein organisches gewachsenes Unternehmen, das auf dem Verkauf von Produkten basiert, langfristig erfolgreicher ist als ein von Investoren vorfinanziertes und schnell gewachsenes Unternehmen. Natürlich ist bei dem Letzteren die Insolvenz eine leichter zu akzeptierende Option, da Du nicht selbst haftest, trotzdem stehst Du anschließend mit leeren Händen da. Ist es das, was Du erreichen möchtest? Wohl kaum. Rossmann hat mit einer kleinen Drogerie in Hannover begonnen und durch eine Tätigkeit auf Augenhöhe mit den Kunden das Geschäft langsam und kontinuierlich ausgebaut. [59] Die Mutter der Albrecht-Brüder Theo und Karl gründete 1914 in Essen einen Tante-Emma-Laden und legte so den Grundstein für das spätere Aldi-Imperium. 1945 übernahmen Theo und Karl Albrecht den Betrieb und zehn Jahre später gab es bereits 100 Aldi-Filialen.[60]

Organisches Wachstum kann mit dem Aufbau eines Hauses verglichen werden. Wenn Du ein solides Fundament legst und mit Sorgfalt baust, errichtest Du ein Haus, das lange hält und den Anforderungen des Lebens standhält. Dein Vertrieb ist der Mörtel und die Steine Deines Hauses. Vernachlässigst Du das Fundament oder sparst am Mörtel oder Steinen, weil Du rasant und günstig bauen willst, wird Dein Haus nicht lange stehen, was zu hohen Reparaturkosten und letztendlich zum Zusammenbruch des Hauses führt. Gleiches gilt für Unternehmen, die zu schnell wachsen und sich auf die Finanzierung von Investoren verlassen, ohne sich auf die Bedürfnisse der Kunden zu konzentrieren und eine solide Grundlage für ihr Geschäft zu schaffen.

DR.-ING. WOLFGANG P. PETERS

ehem. VERTRIEBSLEITER ALCATEL SEL

" Der Vertrieb hatte immer schon eine super
Positionierung bei uns im Unternehmen. "

Dr.-Ing. Wolfgang P. Peters, geboren am 20. März 1939, hat eine bemerkenswerte Karriere hinter sich, die von der Elektrotechnik und Wirtschaftswissenschaften an der TU Braunschweig bis hin zu leitenden Positionen bei ITT SEL / Alcatel SEL reicht. Seine Erfahrungen und seine Leidenschaft für Innovationen und Technik haben ihn zu einer Schlüsselfigur in der Entwicklung digitaler Telekommunikationssysteme gemacht.

Peters hebt die entscheidende Rolle des Vertriebs in einem Unternehmen hervor und betont, wie sich der Übergang von elektromechanischer Vermittlungstechnik zu digitalen Systemen auf die Vertriebsstrategien ausgewirkt hat. Dabei waren Vertrauen in die neue digitale Technologie und das Aufspüren und Durchsetzen neuer Marktsegmente entscheidend. Er bringt seine Überzeugung zum Ausdruck, dass gute Führung und starke Vertriebsteams Unternehmen dazu befähigen, mit Veränderungen umzugehen und sich in der sich ständig weiterentwickelnden technologischen Landschaft zu behaupten. Jungen Vertriebsmitarbeitenden möchte Peters folgendes mit auf den Weg geben: Fachwissen erwerben, ein gutes Verständnis für das Unternehmen entwickeln und stolz auf das sein, was sie anbieten und verkaufen.

Schließlich teilt er seine Ansichten darüber, was ein erfolgreiches Vertriebsmanagement ausmacht, einschließlich Aspekten wie Vorbildfunktion, aktives Zuhören, Identifikation mit den Kundenanliegen und die Fähigkeit, sich anpassen und lernen zu können. Peters' Karriere und seine Ansichten liefern wertvolle Einblicke in die Welt des Vertriebs und der Technologieinnovation.

9
New Work im Vertrieb?

In einer Welt, die sich ständig verändert und neue Herausforderungen bereithält, muss auch die Arbeitswelt Schritt halten und sich anpassen. Das Konzept der New Work wird von vielen als Antwort auf die gestiegenen Erwartungen der Arbeitnehmer an ihre Arbeitgeber gesehen. Dabei geht es um eine Arbeitsweise, die sich durch Flexibilität, Eigenverantwortung und eine hohe Arbeitgeberattraktivität auszeichnet. Die Wurzeln von New Work gehen zurück auf den österreichisch-amerikanischen Sozialphilosophen und Unternehmer Prof. Dr. Frithjof Bergmann. In den 1970er Jahren begann er sich mit der Frage zu beschäftigen, wie wir Arbeit so gestalten könnten, dass sie nicht nur den Lebensunterhalt sichert, sondern auch sinnstiftend ist und den individuellen Bedürfnissen und Fähigkeiten entspricht.

Bergmann entwickelte die Idee des „Neuen Arbeitens", das auf drei Säulen basiert: Selbstbestimmung, Entfaltung und Gemeinschaft. Es geht also nicht nur um die Arbeitsbedingungen, sondern um eine Veränderung der gesamten Arbeitskultur. Zunächst einmal zielen die Ansätze des New Work darauf ab, Prozesse zu automatisieren und repetitive Aufgaben an Maschinen auszulagern. Künstliche Intelligenz und Roboter übernehmen solche Tätigkeiten, sodass sich Mitarbeiter auf Aufgaben konzentrieren können, die ein höheres Maß an Kreativität und Innovationsfähigkeit erfordern. Durch den Einsatz von Automatisierungstechnologien können Unternehmen ihre Prozesse rationalisieren und die Effizienz steigern, was zu einer höheren Produktivität und Wettbewerbsfähigkeit führt. So der Grundgedanke. Das darauf aufbauende Konzept des New Work hat sich jedoch in den letzten 20 Jahren zunehmend davon entfremdet. Doch der Reihe nach. Schauen wir uns die tragenden Elemente des New-Work-Konzeptes zunächst genauer an. Eines der Hauptmerkmale von New Work ist Flexibilität. Flexibel zu arbeiten, bedeutet, dass Arbeitnehmer ihre Arbeit besser mit ihrer persönlichen Lebensgestaltung und ihrem Alltag in Einklang bringen können. Das bringt zufriedenere Mitarbeiter hervor, die in der Lage sind, effektiver und produktiver zu arbeiten. Auch die Arbeitgeber selbst profitieren von der Flexibilität, da sie ihre Mitarbeiter flexibel einsetzen und so schneller auf Veränderungen in der Geschäftswelt reagieren können.

Ein weiterer Vorteil von New Work ist die Möglichkeit, remote zu arbeiten. Arbeitnehmer können von zu Hause oder von jedem anderen Ort mit Internetzugang aus arbeiten. Dies spart Zeit und Geld, die normalerweise für den Arbeitsweg aufgewendet werden würden. Arbeitgeber können dadurch auch von einem größeren Talentpool profitieren, da sie nicht mehr auf Bewerber beschränkt sind, die in der Nähe ihres Büros leben. Remote-Arbeit kann auch die Arbeitsbelastung reduzieren, indem die Arbeitnehmer die Kontrolle über ihre Arbeitsumgebung haben und somit ihre Produktivität und Kreativität steigern können. Das vermutlich wesentlichste Element von New Work ist womöglich jedoch die Selbstbestimmung in der der eigenen Arbeit. Dabei geht das Konzept davon aus, dass Arbeitnehmer mehr Kontrolle über ihre Arbeit erhalten und mehr Entscheidungen selbst treffen können. Arbeitgeber können dadurch von einer höheren Motivation und Engagement der Arbeitnehmer profitieren. Die Möglichkeit, Entscheidungen zu treffen, fördert Kreativität und Innovation. Arbeitnehmer haben so mehr Freiheit, um neue Ideen und Projekte zu entwickeln, die das Unternehmen voranbringen. Soweit die Theorie.

New-Work-Methoden sind keine Universalwerkzeuge

Das klingt, als wäre New Work die Lösung für alle frustrierten Mitarbeiter und Vorgesetzten. Doch die Theorie ist noch nicht mal die halbe Miete. In der Praxis führen New-Work-Ansätze innerhalb von Unternehmen oft dazu, Kosten zu senken, indem die Arbeitgeber den Mitarbeitern mehr Verantwortung übertragen und sie gleichzeitig für ihre eigene Ausbildung und Entwicklung verantwortlich machen. Denn New Work bedeutet, dass von den Arbeitnehmern erhöhte Verantwortung und Selbstorganisation erwartet wird. Wenn Unternehmen beispielsweise auf flache Hierarchien setzen, kann dies dazu führen, dass Mitarbeiter mehr Verantwortung und Entscheidungsfreiheit übernehmen müssen. Dies kann zu einem höheren Stresslevel und einer größeren Arbeitsbelastung führen, da Arbeitnehmer möglicherweise nicht über ausreichende Fähigkeiten oder Ressourcen verfügen, um diese zusätzlichen Anforderungen zu bewältigen.

Wir haben selbst ein Agilitätsprojekt durchgeführt, in dessen Rahmen Handelsvertreter auftretende Probleme der Kunden mit den Produkten selbständig lösen sollten. Jedoch hat sich gezeigt, dass dies in Handelsvertreter-Vertrieben nicht vorgesehen ist. Der Fokus liegt darauf, aktiv zu verkaufen und direktes Feedback in Form von Geschäftsabschlüssen zu erhalten. Wenn Handelsvertreter sich mit Problemlösungen des Produkts beschäftigen, lenkt sie das von ihrer eigentlichen Aufgabe ab: dem Vertrieb. Natürlich sollen die Probleme der Kunden trotzdem gelöst werden, aber eben nicht vom Handelsvertreter in Eigenregie. Während ein Agilitätsprojekt möglicherweise in anderen Branchen erfolgreich umgesetzt werden kann, scheint es nach meiner Erfahrung im Handelsvertreter-Vertrieb nicht zu funktionieren. Hier geht es nicht um langfristige Ziele oder Veränderungen, sondern um schnelle und direkte Ergebnisse, die direkt in den Finanzen des Unternehmens zu sehen sind. New Work sollte also nicht als Allheilmittel sämtlicher Herausforderungen für moderne Unternehmen verstanden werden. Denn seine Methoden können auch dazu führen, dass das Leistungsniveau sinkt und Mitarbeiter unter ihren Möglichkeiten bleiben. Mitarbeiter profitieren von einer klaren Erwartungshaltung und fest definierten Strukturen – diese erlauben ihnen, sich auf die Zielerreichung zu fokussieren. Vorgaben durch ihre Führungskraft schränken sie nicht zwangsläufig ein, sondern können ihnen genauso auch Halt geben.

Ich glaube, die meisten Menschen brauchen in Fragen der Arbeitsgestaltung ein gewisses Maß an Führung und wollen es auch. Genau hier liegt das Hauptproblem von New Work in meinen Augen: einerseits der Führungsverlust und die Orientierungslosigkeit auf Seiten der Mitarbeiter und andererseits der Kontrollverlust auf Seiten der Geschäftsführung. Der deutsche Unternehmer Dr. Markus Reimer fasst die Widersprüchlichkeit des New-Work-Konzeptes gelungen zusammen: „Wenn Führungskräfte einerseits eine agile Organisation haben und andererseits in dieser die volle Kontrolle behalten wollen, dann ist das so, als wünschte man sich einen eisig kalten, sonnigen Regentag."[61] Du möchtest als Führungskraft das Potenzial der Mitarbeiter voll ausnutzen, um Dein Unternehmen voranzubringen. Wenn ein Mitarbeiter beispielsweise das Potenzial hat, 16 Millionen Umsatz zu erwirtschaften, willst Du dieses Potenzial natürlich auch nutzen.

Wenn er sich dafür auf bestimmte Aufgaben wie die Führung von Verkaufsgesprächen konzentrieren muss, fährst Du untertourig, wenn Du den einzelnen Mitarbeiter zu viel selbst entscheiden lässt. Entscheidungen kosten Zeit und Konzentration. Das ist Verschwendung von Kapazitäten, wenn der Verkäufer doch eigentlich ein klares Ziel hat. Meine Interpretation von New Work ist, zum Mitarbeiter zu sagen: „Ich trau Dir 16 Millionen Umsatz zu. Du kannst Dir selbst überlegen, wie Du das am besten schaffst und ich helfe Dir dabei." So kann der Mitarbeiter seine gestalterische Freiheit ausüben und ich behalte die Kontrolle, um sicherzugehen, dass der Mitarbeiter auch sein volles Potenzial für mein Unternehmen einsetzt. Ich habe kürzlich von einem Bauunternehmen gehört, das auf eine Vier-Tage-Woche umgestellt hat. Das hat mich sehr interessiert, denn ich habe mich schon oft gefragt, wie eine solche Umstellung in der Praxis funktionieren könnte. Wie ich erfahren habe, hat das Unternehmen dieselbe Arbeit von fünf auf vier Tage umverteilt, was bedeutet, dass die Mitarbeiter nun 10-Stunden-Schichten arbeiten. Das kann und sollte nicht die Lösung sein. Ich denke, dass eine Vier-Tage-Woche als Selbstständiger funktionieren kann, aber bei großen Unternehmen erfordert die Wandlung zur Vier-Tage-Woche bei gleichem Gehalt mehr als nur eine Umschichtung der Arbeitszeit.

Davon unabhängig erfordern erfolgreiche Geschäftsmodelle mehr Hingabe, als eine Vier-Tage-Woche Platz bietet. Es ist kein Geheimnis, dass erfolgreiche Unternehmer hart arbeiten, um ihre Unternehmen erfolgreich zu machen. Niemand hat je einen wirklich großen Konzern mit nur wenigen Arbeitsstunden aufgebaut. Das ist auch eine wichtige Führungswahrheit, die man den Menschen erklären muss. Wenn Du ein erfolgreiches Unternehmen aufbauen möchtest, brauchst Du ebenso Energie wie Engagement. Diese Art von Hingabe ist meiner Ansicht nach Teil der Führungsverantwortung und die Pflicht eines jeden Unternehmers, diese Hingabe seinen Mitarbeitern vorzuleben.

Elemente von New Work im Vertrieb erfolgreich nutzen

Bei New Work dreht sich neben dem Selbstbestimmungsaspekt viel um Flexibilität und Agilität. Ich denke, dass Vertrieb in der Tat eine gewisse Agilität verlangt, die schon immer existiert hat. Wenn sich der Markt ändert, muss ein Verkäufer schnell reagieren können, um im Geschäft zu bleiben. Dies ist jedoch nicht das Gleiche wie die Agilität, die mit New Work einhergeht. Diese fordert dazu auf, Arbeitsweise und Kultur des Unternehmens neu zu denken, um den Mitarbeitern mehr Freiheit und Flexibilität zu geben. Alles über den Haufen zu werfen, nur um nochmal alles von vorn zu denken, kann befreiend sein. Aber nicht zwangsläufig zielführend. Natürlich brauchen wir und unsere Mitarbeiter den Freiraum, auch mal neue Ansätze, Methoden oder Kanäle auszuprobieren, aber doch nicht die selbst auferlegte Regel, alles neu zu denken und in jeder Frage von Null anzufangen. Auf diese Weise bringen wir uns um alle Erfahrungen und Errungenschaften, die sich auf dem Weg bis hierhin bewährt haben. Wir müssen nicht immer alle Strukturen einreißen, die wir bis dahin aufgebaut haben.

Ich denke, wir neigen dazu, uns mit dem Thema New Work zu beschäftigen und Dinge neu zu verkaufen und schönzureden, die ohnehin schon passieren. Das Vertriebsteam ist durch das direkte Feedback der Kunden oft ohnehin in der Lage, schnell auf Veränderungen zu reagieren. Andere Abteilungen dagegen sind oft weniger agil und benötigen Unterstützung und Anleitung, um ihre Arbeitsweise zu verbessern. Wir sollten daher bedenken, dass die Einführung von New Work nicht für jeden Mitarbeiter, jede Aufgabe oder jedes Unternehmen geeignet ist und dass es eine individuelle Herangehensweise erfordert, um erfolgreich zu sein. Es ist wichtig, die Vor- und Nachteile von New Work abzuwägen und zu schauen, was am besten für den eigenen Betrieb und die Mitarbeiter funktioniert. In unserem Betrieb leben wir das Prinzip von New Work durch sogenannte Consulting-Runden, in denen Verkäufer sich gegenseitig beraten. Ich finde es wichtig, aus der Ego-Bubble herauszukommen, Kritik annehmen zu können und von anderen zu lernen. Allerdings bin ich der Meinung, dass das Prinzip „Ich komme und gehe, wann ich will und setze meine Ziele selbst" im Vertrieb nicht funktioniert. Ich kenne kein Vertriebsteam, das damit erfolgreich ist. Denn diese Einstellung verhindert jeglichen Teamgeist. Es impliziert auch, dass deine Kunden und Partner genau dann Zeit haben, wenn Dir danach ist, als würden sie auf Abruf stehen. Doch auch sie haben Termine und meist einen engen Zeitplan sowie einen strukturierten Alltag, um alles zu erledigen. Auch sie besitzen also bestimmte Zeitfenster, in denen sie für Deine Anfragen offen sind. Das Problem bei New Work ist auch, dass das private Umfeld oft unrealistische Ansprüche stellt, wie zum Beispiel früher daheim zu sein oder später zur Arbeit zu gehen. Wenn Mitarbeiter ihre Grenzen nicht klar definieren, zerreißen sie sich unter Umständen zwischen privat und beruflich empfundenen Verantwortungen. Hier helfen klare Regeln und Strukturen, um eine gute Balance zwischen Arbeit und Privatleben zu finden.

Alles in allem ist New Work für mich eine gute Inspiration, manche Dinge im Vertrieb neu zu überdenken. Es kann nie schaden, frischen Wind in Deine Unternehmensstruktur zu bringen. Nur so können die Dinge besser werden. Bis zu einem gewissen Grad flexible Arbeitszeiten einzuführen und eine Kultur des Austauschs und der Zusammenarbeit fördern, ist stets positiv für die Mitarbeiter und damit auch für das Unternehmen. Was schon gut läuft, solltest Du dagegen beibehalten, auch wenn es vielleicht nicht einem neumodischen Konzept wie New Work entspricht und es keine englische Bezeichnung dafür gibt. In den vergangenen Kapiteln sind wir vorrangig auf bestehende Probleme vieler Unternehmen eingegangen, die die Bedeutung von Vertrieb unterschätzen. Den Vertrieb wieder als Herz Deines Unternehmens zu definieren, ist leichter gesagt als getan. Der Schlüssel liegt in der Umsetzung, und dabei helfen Dir die Sichtweisen und konkreten Tipps in den kommenden Kapiteln.

EVI POPP

**VORSTANDSMITGLIED
NEUE LEBEN LEBENSVERSICHERUNG AG**

> Vertrieb und die ausnahmslose Fokussierung
> auf die Bedürfnisse unserer Kunden hat
> oberste Priorität.

Evi Popp, Vorstandsmitglied der neue leben Lebensversicherung AG, beeindruckt mit ihrer Karriere von nunmehr 28 Jahren in der Finanz- und Versicherungsbranche, wobei ihre Expertise von Vertrieb und Human Resources bis hin zu Steuerung und Management reicht. Im Herzen ihres Engagements steht allerdings der Vertrieb, den sie als zentrales Bindeglied zwischen dem Unternehmen und seinen Kunden sieht.

In den letzten zehn Jahren hat sich der Vertrieb dramatisch verändert, mit vielfältigeren Möglichkeiten, Kunden zu erreichen, und steigenden Erwartungen eben dieser an eine nahtlose Omnichannel-Erfahrung. Der moderne Kunde bzw. Kundin ist informierter und priorisiert oft die Kundenerfahrung über den Preis und das Produkt.

Popp betont die Schlüsselrolle der Führung in diesem sich schnell wandelnden Umfeld, und das in allen Geschäftsbereichen, nicht nur im Vertrieb. Führungskräfte sollten eine Leidenschaft für Menschen und ihre Unterschiede haben, Klarheit in ihren Aufgaben und Visionen sowie Transparenz in ihren Handlungen zeigen und dabei Freude am Erfolg haben. Popp rät Führungskräften im Vertrieb, klare Ziele zu setzen, Verantwortung zu übertragen und Unterstützung zu bieten, um diese Ziele zu erreichen. Dabei empfindet sie es außerdem als wichtig, regelmäßig innezuhalten und Erfolge zu feiern und immer nach dem Mehrwert zu suchen. Jungen Vertriebsmitarbeitenden rät sie, Interesse an Menschen und ihren unterschiedlichen Lebenswelten zu zeigen, keine Angst vor einem Nein zu haben und mutig neue Ansätze auszuprobieren.

Erfolg im Vertrieb bedeutet für Popp, ehrlich und authentisch zu sein, und stets „überzuerfüllen", was den Kunden versprochen wurde. Ein erfolgreiches Vertriebsmanagement erfordert ihrer Meinung nach eine kundenorientierte Denkweise, einen engen Dialog mit dem Vertrieb, Klarheit und Beständigkeit in der Strategie und die Umsetzung dieser Strategie in einem messbaren und mit dem Vertrieb abgestimmten Fahrplan.

Wertschätzung des Verkäufers durch die Geschäftsführung

Die Wertschätzung des Verkäufers durch die Unternehmensführung ist ein Thema, das oft vernachlässigt wird. Es geht dabei um die Anerkennung, die der Vertrieb für seine Leistung erhält, sei es im allgemeinen Umgang oder in direkten Worten. Zu oft wird der Vertrieb als Selbstverständlichkeit wahrgenommen und nicht als das erkannt, was er ist: eine Leistung. Aus den oberen Managementebenen kommen oft Kommentare wie „Der Markt war halt gut", deswegen habe der Vertrieb gute Umsatzzahlen eingefahren. Dabei wird dem Vertriebsteam unrecht getan, denn selbst wenn der Markt tatsächlich gut war und das Umsatzwachstum gefördert hat, mussten die Vertriebsmitarbeiter trotzdem die Arbeit investieren, um diesen guten Markt in Verkaufszahlen umzusetzen. Selbst bei guten Marktvoraussetzungen ist Vertrieb mehr, als nur Kunden einzusammeln.

Mir hat tatsächlich einmal eine Führungskraft gesagt, als ich überragende Umsatzzahlen erwirtschaftet habe: „Das ist gut, was Du machst, aber die Provisionen werden ganz schön teuer. Etwas weniger wäre auch gut, sodass der Provisionsauslauf nicht allzu hoch ist." Da zeigt sich die Ironie der Situation: Er hatte mich schließlich dafür gebucht, dass ich die Umsatzzahlen steigere. Beispiele für mangelnde Wertschätzung gegenüber dem Vertrieb gibt es viele. Stell dir vor, ein Vertriebsmitarbeiter namens Adrian hat ein wichtiges Geschäft mit einem Kunden abgeschlossen. Er kann es kaum erwarten, seinem Vorgesetzten davon zu erzählen. Als er voller Freude zum Meeting mit seinem Vorgesetzten eintrifft, eröffnet der ihm, dass er bei dem Deal zu viele Zugeständnisse gemacht und somit die Gewinnmarge des Unternehmens verringert hätte. Die Leistung, das Geschäft überhaupt abgeschlossen zu haben, erwähnt der Vorgesetzte mit keinem Wort. Adrian fühlt sich dadurch nicht wertgeschätzt und demotiviert. Fürs Erste beschließt er, sich nicht mehr so hineinzusteigern, und fährt dementsprechend weniger

Verkaufserfolge ein. Was Adrian von seinem Vorgesetzten in diesem Fall wirklich gebraucht hätte, wäre eine Würdigung seiner Leistung und konstruktive Kritik für das nächste Geschäft. Ein Push und ein Anreiz für den Jagdinstinkt im Verkäufer. Es geht letzten Endes um die Wertschätzung, dass Verkäufer ihren inneren Schweinehund überwinden und Menschen davon überzeugen, die Produkte der Firma zu kaufen. Wertschätzung dafür, dass diese Verkäufer nicht aufgeben, wenn neun von zehn angesprochenen Leads Nein sagen. Dieses Durchhaltevermögen besitzen nicht viele. Diejenigen, die es schaffen, sollten dafür Wertschätzung erfahren.

Das Beispiel der Drogerieketten Schlecker und dm legt die Bedeutung von Wertschätzung für den langfristigen Unternehmenserfolg offen. Das Vertriebsmodell von Schlecker und dm ist dabei im Grunde das Gleiche: ein stationäres Ladengeschäft mit ähnlichen Produkten. Der Unterschied liegt in den unterschiedlichen Führungsstilen und der Behandlung der Mitarbeiter. Schlecker scheiterte aufgrund der „Geiz ist Geil"-Mentalität des Gründers, während dm den Markt erfolgreich eroberte. Der Grund dafür ist, dass dm das gleiche Geschäftsmodell anders umsetzte und im Vergleich zu Schlecker Wertschätzung für seine Mitarbeiter zeigte.

Während Schlecker seine Mitarbeiter mit dem minimal Nötigem abspeiste, schuf dm eine Unternehmenskultur, die die Wertschätzung für die Mitarbeiter zur Chefsache machte. Die Mitarbeiter von dm sind nicht nur Verkäufer, sondern auch das Aushängeschild des Unternehmens. Sie stehen für die Werte, die dm verkörpert, und tragen dazu bei, dass Kunden gerne bei dm einkaufen. Der Gründer von dm, Götz Werner, hat damit eine Kultur des Vertrauens, des Engagements und des Miteinanders geschaffen. Er betonte stets die gesellschaftliche Verantwortung seiner Drogeriemarkt-Kette: „Man steht mit den Füßen auf den Schultern der Gemeinschaft."[62] Dies führte dazu, dass die Mitarbeiter gerne bei dm arbeiten und sich stärker mit dem Unternehmen identifizieren. Die ehemalige Geschäftsführerin des Getränke-Giganten PepsiCo Indra Nooyi schrieb im Jahr um die 400 persönliche Briefe an die Eltern ihrer Top-Angestellten – um ihnen für die Leistung ihrer Kinder zu danken. Die Mitarbeiter schätzten dies: „Mein Gott, das ist das Beste, was meinen Eltern je passiert ist. Und es ist das Beste, was mir je passiert ist.", sagte beispielsweise ein begeisterter PepsiCo-Mitarbeiter. Diese Maßnahme trug auch dazu bei, dass in anonymen Umfragen zwei Drittel der Mitarbeiter Nooyi als CEO unterstützten. [63]

Viele Vorstände tun sich schwer damit, dem Vertrieb diese Wertschätzung zukommen zu lassen. Sie haben Angst, selbst an Bedeutung zu verlieren, wenn sie den Vertrieb für seine Erfolge feiern. Dabei fördert die Aussage, dass das Vertriebsteam erfolgreich ist, die Identifikation mit Unternehmen und damit die Einsatzbereitschaft der Mitarbeiter mehr als das Eigenlob des Vorstandes, dass die Strategie gut ausgedacht war. Viele Vorstände ertragen es nicht einmal, wenn ihr Vertriebsteam von außen gelobt wird. Die sagen dann: „Es lag an unserer tollen Strategie, es lag am Markt, die hat das Vertriebsteam ausgeführt." Sie wollen die Anerkennung für ihre Strategie und können den Vertrieb nicht groß sein lassen. Sie halten es nicht aus, dass einmal jemand anders gelobt wird. Wenn der Vertrieb von außen hochgepriesen wird, sollten Vorstände stolz darauf sein und den Vertrieb nicht kleinreden. Es ist wichtig, dass der CEO oder Vertriebsvorstand bereit ist, dem Vertrieb auch mal das Rampenlicht zu überlassen.

Ob wirkliche Wertschätzung vorliegt, sieht man oft erst, wenn der Vertrieb einmal einen Fauxpas begeht. Dann nimmt der Vorstand die Lobesworte, die er vorher widerwillig gefunden hat, im Nachhinein zurück und will auf einmal nichts mehr mit dem Vertrieb zu tun haben, den er vorher gelobt hat. Doch wahre Wertschätzung bedeutet auch, in schwierigen Zeiten zum Vertrieb zu stehen und ihm zu helfen, wenn es notwendig ist. Nur so kann eine langfristig erfolgreiche Zusammenarbeit zwischen Vertrieb und Unternehmensführung gelingen. Wenn wir uns selbst und unsere Kunden wertschätzen, können wir eine positive Dynamik schaffen, die zu neuen und produktiven Kooperationen führt. So können sich gute Beziehungen zwischen allen Mitgliedern der Kette entwickeln. Langfristig können sich so alle möglichen Arten der Zusammenarbeit entwickeln. Beispielsweise kann eine wirklich gute Beziehung darin resultieren, dass Kunde und Verkäufer die Seiten wechseln und ein Geschäft in die andere Richtung abschließen. Das geht nur, wenn der Kunde ein ordentlicher Kunde war und der Verkäufer ihn gut beraten hat. Wenn alle Geschäftsbeziehungen auf Augenhöhe stattfinden, kann man sich in einem anderen Kontext erneut begegnen und weitere Geschäfte abschließen.

Meine Beziehung zu meinem ehemaligen Steuerberater ist ein weiteres Beispiel dafür, wie Klarheit und Aufrichtigkeit für Loyalität sorgen. Zehn Jahre lang arbeitete ich bereits mit meinem Steuerberater zusammen und war mit der Partnerschaft mehr als zufrieden. Dann kam der Moment, in dem ich einen Steuerberater brauchte, der breiter aufgestellt war, da ich skalieren wollte. Also kündigte ich meinem langjährigen Steuerberater. Er hat sich daraufhin bei mir bedankt, weil ich der erste sei, der ihm je persönlich gekündigt hätte. Und mich gefragt, ob ich ihn bei der Skalierung seines Geschäftes helfen kann. So ergab sich aus dem Ende einer Geschäftsbeziehung der Beginn einer neuen. Wer Wertschätzung lebt und zur obersten Tugend im Unternehmen erhebt, wird Aufrichtigkeit und selbst Wertschätzung erfahren und mit Loyalität belohnt: von seinen Mitarbeitern und Geschäftspartnern, aber vor allem vom Kunden. Damit beschäftigen wir uns näher im nächsten Kapitel.

ALEXANDER KLEEMANN

GESCHÄFTSLEITUNG
DIE EINRICHTUNG KLEEMANN KG

"

Vertrieb ist bei uns Chefsache.

"

Alexander Kleemann, der 27-jährige Geschäftsleiter und Pro-kurist des Familienunternehmens „Die Einrichtung Kleemann", repräsentiert die dritte Generation eines Hauses, das sich seit über 50 Jahren für individuelles Wohnen, Einrichten und Küchen begeistert. Nach einer Karriere im Einzelhandel und einer Weiter-bildung zum Fachbetriebswirt, stieg er 2019 in das von seinem Großvater gegründete Unternehmen ein.

Im Herzen des Unternehmens steht ein klares Motto: „Ver-trieb ist bei uns Chefsache". Dies spiegelt sich in Kleemanns Ansatz wider, der Vertrieb und Verkauf als zentrale Elemente für den Erfolg des Unternehmens betrachtet. Die Kundenzufrieden-heit steht dabei immer an erster Stelle. In den letzten zehn Jahren hat Kleemann drei Schlüsselbegriffe identifiziert, die die Entwicklung des Verkaufs und Vertriebs geprägt haben: Kunden-orientierung, Personalisierung und Digitalisierung.

Kleemann betont, dass im Bereich der Führung die Motiva-tion der Mitarbeitenden, klare Zielsetzungen und kontinuierliche Weiterbildung unerlässlich sind. Er glaubt, dass gutes Zuhören und regelmäßiges Feedback sowohl von Kund:innen als auch von Mitarbeitenden den Weg zu einem zukunftsorientierten Ver-trieb ebnen. Besonders stolz ist er auf ein erfolgreiches Projekt, bei dem sein Team die Räumlichkeiten eines öffentlichen Gebäu-des individuell gestaltet hat.

Für junge Vertriebsmitarbeitende empfiehlt Kleemann Fleiß und Geduld, um sich mit den vielen Informationen und Ein-drücken auseinanderzusetzen, die eine Karriere im Vertrieb mit sich bringt. Er ermutigt sie, sich klare Ziele zu setzen, ein breites Netzwerk aufzubauen und den Spaß am Vertrieb nicht zu verlie-ren.

10

Unterschätzt, aber entscheidend: Kundenloyalität

Wenn der Kunde weiß, dass er sich auf Dein Angebot und die Qualität Deiner Dienstleistung verlassen kann, wird er immer wieder zurückkehren. Daher ist es mehr als in Deinem Interesse, diese Kundenloyalität durch Zuverlässigkeit im Produktportfolio, im Angebot und im Vertrieb zu entwickeln. Dazu braucht es zunächst einen Ansprechpartner, zu dem er eine persönliche Beziehung aufbauen kann. Jeder von uns vertraut einem Produkt, einer Dienstleistung oder einem Unternehmen mehr, wenn echte Menschen dahinter stehen, zu denen wir eine Verbindung aufbauen können.

Denn diese Verbindungen schaffen ebenso wie positive Kauferlebnisse erst die Voraussetzungen für Kundenloyalität. Es ist jedoch ein Phänomen unserer schnelllebigen Zeit, dass im Zuge der Automatisierung von Abläufen der persönliche Kontakt und Kundenloyalität zunehmend aus dem Blick geraten. Unternehmen konzentrieren sich mehr auf die Gewinnung von Neukunden, anstatt sich um die Zufriedenheit ihrer bestehenden Kunden zu kümmern. Es gibt heutzutage oft mehr Anreize, zu einem anderen Unternehmen zu wechseln, als dafür, zu bleiben. Ein Großteil der Banken segmentieren Kunden mittlerweile nach ihrem Guthaben- und Darlehensstand und unterteilen sie anhand ihres Nutzens für die Bank in gute und schlechte Kunden – im Sinne von profitabel und nicht profitabel. Sie legen ihren Fokus auf die generierten Umsätze der Kunden und klassifizieren sie danach. Wie viel der Kunde monatlich auf sein Konto einzahlt, zählt für sie mehr, als wie viele Jahre er schon bei der Bank ist. Dieser Mangel an Wertschätzung entzieht treuen Kunden das Vertrauen, sodass er keine weiteren Finanzprodukte der Bank kaufen wird. Oder zur nächsten Bank wechselt. Versicherungsunternehmen sind gleichermaßen oft lediglich an Kunden mit niedrigem Risikoprofil interessiert, da sie sich durch weniger Schadensfälle einen höheren Gewinn erhoffen. Kunden mit höherem Risikoprofil, wie ältere Menschen oder Personen mit Vorerkrankungen müssen höhere Versicherungsprämien zahlen. Das legt keinen guten Grundstein für eine fruchtbare Kundenbeziehungen. Eher fühlen sich die Kunden abgelehnt und wechseln zum nächstbesten Versicherungsunternehmen, sobald das bessere Konditionen bietet oder sich schlicht die Chance dazu ergibt.

Die Unterscheidung zwischen guten und schlechten Kunden betrifft nicht nur Banken und Versicherungen. Unternehmen wollen oft nur die statistisch wahrscheinlichen Gutverdiener als Kunden gewinnen und vernachlässigen dabei oft die „Loser" in der Mitte. Diese Einstellung kann jedoch nach hinten losgehen, denn auch diese vermeintlichen Loser haben Einfluss auf das Image und den Erfolg eines Unternehmens. Doch Du solltest nie die Macht der Masse unterschätzen. Diese Unternehmen, die Kunden nur nach ihrem finanziellen Wert oder Risikoprofil bewerten, können nie langfristige Kundenbeziehungen aufbauen und somit auch nie auf eine starke Kundenbasis zurückgreifen. Das wird sich vor allem in Umsatzschwankungen niederschlagen. Es ist wichtig, die Bedürfnisse und Wünsche der Kunden zu berücksichtigen und sie wertzuschätzen, um Loyalität aufzubauen und Kundenbindung zu fördern.

Die Rolle der Geschäftsführung in der Loyalitätsförderung

In der heutigen Geschäftswelt ist es nicht ungewöhnlich, dass Unternehmen an allen erdenklichen Stellen sparen. Eine der ersten Maßnahmen, die dem Sparzwang zum Opfer fallen, sind Geburtstags- und Weihnachtskarten an wichtige Kunden und Mitarbeiter. Es mag nur eine kleine Geste sein, aber sie kann dazu beitragen, sowohl die Kunden- als auch die Mitarbeiterloyalität zu stärken. Doch kaum noch eine Geschäftsführung nimmt sich heute für eine solche kleine Geste noch Zeit, da sie keinen direkten finanziellen Nutzen bringt. Ich schicke allen wichtigen Kunden, Partnern und Mitarbeitern zu jedem Geburtstag eine persönliche Glückwunschkarte. Per Post. Mein Team hat vorgeschlagen, dass ich das doch per E-Mail erledigen könnte, um Porto zu sparen, doch ich halte daran fest. Durch diese kleine Aufmerksamkeit zeige ich, dass ich die Loyalität meiner Kunden schätze und dass sie mir am Herzen liegen.

Ein weiteres Beispiel für eine Firma, die den Wert von kleinen Aufmerksamkeiten und persönlichen Gesten gegenüber Kunden erkennt, ist Zappos. Das Online-Schuhgeschäft besitzt einen herausragenden Kundenservice, dessen Ruf weit über die Schuhindustrie hinausreicht. Zappos ist bekannt dafür, seinen Kunden kleine Geschenke zu schicken, um ihnen zu zeigen, dass sie geschätzt werden. Das Unternehmen ist bekannt dafür, die Extrameile zu gehen und Kunden beispielsweise Blumen zu schicken, wenn es ihnen nicht gut geht. Einem Trauzeuge, der ansonsten barfuß am Altar gestanden hätte, schickte Zappos kostenfrei über Nacht ein Paar Schuhe.[64] Diese kleinen Gesten tragen dazu bei, dass Kunden eine starke emotionale Bindung zu der Marke aufbauen und stets wieder dort kaufen. Schon allein wegen dem positiven Gefühl, dass sie überkommt, wenn sie an das Unternehmen denken.

Was Kundenloyalität zerstört

Gerade in finanziellen Fragen sind viele Menschen oft ein und demselben Unternehmen viele Jahrzehnte treu. Stellen wir uns vor, unsere Großmutter hätte seit 40 Jahren denselben Ansprechpartner bei einer Bank gehabt. Nun meldet sich die Bank bei ihr mit der Nachricht, dass der bisherige Ansprechpartner in Rente geht. Über Jahrzehnte hat unsere Großmutter eine persönliche Beziehung zu diesem Berater aufgebaut, deswegen fühlt sie sich aufgrund der Ankündigung unwohl und unsicher.

Sie fragt sich, wer jetzt für sie da sein wird und ob sie der neuen Ansprechperson genauso vertrauen kann wie ihrem langjährigen Berater. – Der kannte sie und ihre verschiedenen Lebensstation immerhin. Die neue Ansprechperson arbeitet nicht einmal in derselben Filiale, sondern in einer anderen weiter weg. Der neue Kundenberater lädt sie nun in diese Filiale ein. Dort wird sie nicht wie bisher im eleganten Einzelbüro empfangen, sondern im öffentlich zugänglichen Bankfoyer am Stehtisch und bekommt noch nicht einmal eine Tasse Kaffee.

Unsere Großmutter fühlt sich mehr als unbehaglich und unerwünscht. Schon das Stehen ist ihr unangenehm. Sie fühlt sich als Kundin nicht mehr ernstgenommen und es entsteht eine Diskrepanz zwischen dem früheren und dem aktuellen Service. Nach 15 Minuten ist das Kennenlernen auch schon vorbei und mündet in Enttäuschung: So behandelt mich eine Bank, bei der ich seit mehr als 40 Jahren Kundin bin? Dafür bin ich den weiten Weg hierher gefahren? Des Respekts und der Wertschätzung beraubt, fühlt sie sich wie ein neuer Kunde behandelt und nicht wie jemand, der seit Jahrzehnten loyal bei dieser Bank ist. Was bleibt, ist ein bitterer Nachgeschmack: Jetzt, wo ich Rentnerin bin und kein Einkommen mehr generiere, erhalte ich auf einmal keinen persönlichen Service mehr wie früher? Vielleicht bin ich in Ungnade gefallen? Wie unsere Großmutter beginnen Kunden, ihre Loyalität zu hinterfragen und ihre weitere Beziehung zum Unternehmen zu überdenken.

Kundenloyalität hängt also auch stark an einem vertrauten Gesicht oder überhaupt einem Gesicht, mit dem Kunden das Unternehmen verknüpfen. Dieses Gesicht gehört meist einem Vertriebspartner oder Verkäufer. Wenn sich jedes halbe Jahr ein neuer Ansprechpartner beim Kunden einer Bank vorstellt, wird dies das Vertrauen des Kunden in die Bank verringern. Der Kunde erhält das Gefühl, dass die Bank womöglich ständig ihre Mitarbeiter rotiert oder feuert. Dadurch wird es langfristig wahrscheinlicher, dass er die Bank wechselt. Wieso sollte denn der Kunde treu bleiben, wenn nicht einmal die eigenen Mitarbeiter der Marke treu bleiben? Loyalität in einer Kundenbeziehung basiert folglich auf Vertrauen. Vertrauen aufgrund bisheriger Erfahrung, aber auch Vertrauen in eine gemeinsame Zukunft seitens des Kunden. Nur wenn wir im Hier und Jetzt die Voraussetzungen für eine gemeinsame Zukunft schaffen, können wir eine langfristige Kundenbindung erwarten. Stellen wir uns vor, unsere Nichte wird 18 Jahre und bekommt einen Brief von der Bank.

Schon ihre Eltern und Großeltern besaßen ein Konto bei dieser Bank und so war es für sie selbstverständlich, auch von dieser Bank ihr Geld verwalten zu lassen. Doch nun wird sie darüber informiert, dass sie ab jetzt monatliche Kontoführungsgebühren zahlen müsse, obwohl sie noch kein eigenes Einkommen besitzt. Aus offensichtlichen finanziellen Gründen, aber auch aus Enttäuschung wechselt sie zu einer Bank, die ein kostenloses Konto anbietet – was bleibt ihr auch anderes übrig, wenn sie sich weder Geld für die Kontoverwaltung leihen noch Schulden machen möchte. Unsere Nichte ist für die Bank als Kundin für immer verloren und mit ihr alle Umsätze, die sie der Bank über ihr restliches Leben hinweg generiert hätte. Nun sind Kontoführungsgebühren aus rein betriebswirtschaftlicher Sicht verständlich. Die Frage, die sich die Bank aber hätte stellen müssen: wann ist ein günstiger Moment, um einen Kunden vom kostenlosen zum kostenpflichtigen Modell umzustellen? Als Geschäftsführer musst du Dich das, was der Kunde will, und das, was für das Unternehmen gut ist, stets ausbalancieren können. Und beispielsweise Kontogebühren erst in dem Moment einführen, in dem der Kunde diese durch ein eigenes Einkommen tragen kann. Ebenso loyalitätsschädigend wie verfrühte oder überzogene Gebühren sind Rabatte oder Sonderangebote, die nur Neukunden angeboten werden, während bestehende Kunden mit höheren Preisen konfrontiert werden. Manche Unternehmen missbrauchen auch Kundendaten oder verkaufen diese an Dritte, was das Vertrauen und die Loyalität der Kunden massiv untergräbt. Der Online-Versandhändler Wish ist bekannt für solchen häufigen Datenmissbrauch. Wish-Kunden beschweren sich in Online-Foren, dass sie von dem Unternehmen mit Spammails bombardiert werden. Viele Kunden wenden sich aufgrund dessen von dem Unternehmen ab.[65]

Viele Unternehmen verspielen aber auch die Chance, einen unzufriedenen Kunden durch guten Service in einen Kunden zu verwandeln, der wiederkommt. Wie wir wissen, ist nicht eine einzelne Kundentransaktion entscheidend, sondern der Customer Lifetime Value, also alle Transaktionen zwischen einem Unternehmen und einem Kunden im Laufe seines Lebens. Virgin-Gründer Richard Branson teilt die Haltung, Kunden durch gutes Beschwerdemanagement zu halten: „Eine Beschwerde ist eine Chance, aus einem Kunden einen lebenslangen Freund zu machen."[66] Ein typisches Beispiel hierfür ist das Umtauschen von Produkten. Während Du bei Zalando oder Amazon Deine Bestellung ohne Probleme oder Kosten reklamieren kannst, musst Du Dich bei anderen durch unzählige Hürden kämpfen oder es ist gar nicht erst möglich, sein Geld zurückzubekommen, sondern Du erhältst lediglich Gutscheine.

So zum Beispiel bei H&M. Kunden, die ein Produkt zurückgeben möchten, müssen bei H&M häufig lange Warteschlangen in Kauf nehmen und es gibt keine Möglichkeit, das Geld zurückzuerhalten. Stattdessen wird der Kunde mit einem Gutschein abgespeist. Woraufhin sich einige Kunden sicherlich zweimal überlegen, ob sie beim nächsten Mal wieder bei der schwedischen Modemarke einkaufen möchten. Auch das beliebte Einzelhandelsunternehmen IKEA ist bekannt dafür, dass Kunden oft lange Wartezeiten und komplizierte Rückgabebedingungen in Kauf nehmen müssen. Damit machen diese Unternehmen ihre Kunden zu Prozessverantwortlichen für ihre schlechten Prozesse: Der Kunde wird auf bürokratischen Schlangenlinien in die Irre geführt, was zu großer Frustration führt. Diese Unternehmen beweisen damit, dass sie aus den Augen verloren haben, dass für den Kunden die gesamte Einkaufserfahrung – die eben auch manchmal eine Rückgabe miteinschließt – entscheidend dafür ist, ob sie das Unternehmen erneut wählen werden.

Ein weiteres Beispiel für eine loyalitätsschädliche Maßnahme sind sogenannte „Hidden Fees" – versteckte Gebühren. Unternehmen wie Ryanair berechnen ihren Kunden versteckte Gebühren, wie etwa für das Einchecken am Flughafen oder das Bezahlen mit Kreditkarte. Diese Gebühren werden oft erst am Ende des Buchungsprozesses aufgeführt, was dazu führt, dass Kunden sich getäuscht und verärgert fühlen. Viele Kunden brechen zwar nicht den Kaufvorgang ab, wenn sie einmal einen Ryanair-Flug ausgewählt haben, wählen im Zweifelsfall für den nächsten Urlaub aber eine andere Fluggesellschaft, selbst wenn diese etwas teurer ist. Langfristig verspielt Ryanair so das Vertrauen seiner Kunden.

Jetzt könntest Du natürlich sagen: das sind ja nur eine Handvoll Kunden. Diese Bank kann den Verlust eines Kunden locker verschmerzen, und auch H&M und Ryanair haben genügend andere Kunden, die bei ihnen einkaufen. Doch sollten Unternehmen meiner Meinung nach die Überheblichkeit verlieren, ihre Kunden isoliert zu betrachten. Denn ein unzufriedener Kunde erzählt in seinem Freundes- und Bekanntenkreis natürlich von seiner Frustration und von der besseren Alternative, sobald er diese gefunden hat, und bewegt auch seine Freunde zum Wechseln. Die häufig ähnliche Erfahrungen gemacht haben. So werden aus einem verlorenen Kunden schnell mehrere. Das nenne ich *erweiterte Kundenloyalität*.

Was Kundenloyalität aufbaut

Umgekehrt funktioniert das genauso: Positive Einkaufserlebnisse teilt man gerne. Oft findet die Konkurrenz gerade bei den Punkten, die ein Unternehmen ausnehmend schlecht erfüllt, Möglichkeiten, sich positiv hervorzuheben und fischen so die Kunden ab. Um Loyalität aufzubauen, müssen Unternehmen den Kunden Mehrwerte bieten. Solch ein Mehrwert kann auch in Wertschätzung bestehen. Dies ist ein anhaltender Prozess, der Ausdauer erfordert. Mittlerweile gibt es auch Unternehmen, die anders als H&M und IKEA erkannt haben, wie wichtig reibungslose Retouren für ihre Kunden sind, und dies zu ihrem Vorteil nutzen. So ist es kein Problem bei Amazon, Produkte kostenlos zurückgeben zu können. Auch Zalando gestaltet den Umtauschprozess für seine Kunden so einfach wie möglich.

Diese Unternehmen investieren möglicherweise kurzfristig mehr in die Bearbeitung von Retouren, aber langfristig bauen sie eine Loyalität zu ihren Kunden auf und steigern ihre Marktanteile, bis sie den Markt dominieren. Sie haben den Customer Lifetime Value im Blick und wissen, dass sie es sich leisten können, in gute Rückgabemöglichkeiten zu investieren, wenn der Kunde dafür wieder kauft oder sie weiterempfiehlt. Kunden schätzen es, wenn Unternehmen ihre Bedürfnisse ernst nehmen und ihnen einen guten Kundenservice bieten. Deshalb ist es für Unternehmen wichtig, den Prozess für Retouren so einfach und reibungslos wie möglich zu gestalten, um die Loyalität der Kunden zu erhöhen und langfristig erfolgreich zu sein.

Auch Starbucks hat den Customer Lifetime Value im Blick. Im Jahr 2022 gab die amerikanische Café-Kette beinahe 417 Millionen USD-Dollar für Marketing aus. [67] Das Unternehmen hat verstanden, dass auch wenn ein Kunde pro Besuch typischerweise nur sechs USD-Dollar ausgibt, der Kundenwert im Laufe der Zeit viel höher liegt. Starbucks-Kunden sind loyal und entwickeln oft die Gewohnheit, regelmäßig den Laden zu besuchen. Einmal im Laden geht es darum, ein besonderes Erlebnis für den Kunden zu schaffen, die ihm im Gedächtnis bleiben wird. Das ist Starbucks unter anderem damit gelungen, dass sie den Namen des Kunden auf den Kaffeebecher schreiben. Dadurch ist die Erfahrung der Starbucks-Kunden deutlich persönlicher als in anderen Cafés.

Sobald Starbucks den Kunden einmal im Netz hat, ist die Wahrscheinlichkeit hoch, dass er wiederkommt. Kunden schreiben online, dass sie teilweise jeden Tag bei Starbucks einkaufen und damit über 2.000 US-Dollar pro Jahr ausgeben. Starbucks fördert die Loyalität seiner Kunden mit einem beliebten Treueprogramm, das beispielsweise ein Freigetränk zum Geburtstag miteinschließt. [68] Im Jahr 2019 hatte das Programm in den USA 17 Mio. Abonnenten und ist damit das größte seiner Art in der Restaurantbranche. [69] Es geht darum, Erlebnisse zu schaffen, denn Erlebnisse machen Loyalität möglich. Für den erfolgreichen Aufbau von Kundenloyalität ist also unerlässlich, den Kunden und das Kundenerlebnis ganzheitlich zu betrachten.

Hilti, ein Hersteller von Geräten für Bau und Handwerk mit Sitz in Liechtenstein, ist bekannt dafür, dass kein ernstzunehmender Handwerker ein anderes Produkt in Erwägung ziehen würde. Obwohl Hilti deutlich teurer ist als die Konkurrenz.

Doch Hilti hat erkannt, dass Ausfallzeiten auf Baustellen zu kostspieligen Verzögerungen führen. Daher bietet das Unternehmen ein Flottenmanagement an, bei dem Kunden die Geräte leasen können. Wenn eines ausfällt, wird ein Ersatzgerät ohne Bürokratie und Rechnung geliefert. Diese Methode hat zu einer stärkeren Kundenbindung geführt und den Kundenwert gesteigert. Kunden, die vertraglich ein Umsatzziel mit Hilti vereinbaren, erhalten außerdem Sonderpreise sowie Schulungen und individuellen Service.[70] Ebenso wiederum Würth, das beispielsweise ein Schrauben-Abo anbietet. So vergisst der Geschäftskunde nicht, Schrauben nachzubestellen, sondern erhält diese automatisch nachgeliefert. [71] Und wer einmal ein Abo bei Würth abgeschlossen hat, bleibt dem Unternehmen länger treu. Zusätzlich setzt das Schraubenunternehmen auf die persönliche Kundenbindung. Reinhold Würth sagte selbst: „Das Geschäft ist sehr personengetrieben. Ich kenne Verkäufer, die 25 oder 30 Jahre lang den gleichen Kunden bedienen.

Unsere Verkäufer werden dann nicht nur gute Bekannte, sondern in vielen Fällen sogar Freunde der Kunden. Da bauen sich häufig echte Beziehungsgeflechte auf, die auch eine unglaublich hohe Wettbewerbsbarriere darstellen."[72] Als Geschäftsführer ist es wichtig, sich zu fragen, wie Deine Verkäufer Kunden langfristig binden können. Welche Modelle oder Anreize können sie anbieten, um Kunden zu mehr als einem einmaligen Kauf zu bringen? Wie ihre Loyalität belohnen? Die Belohnungen müssen nicht perfekt sein, solange sie gut genug sind, um die Kunden zufriedenzustellen und eine langfristige Bindung zu schaffen. Denk an eine romantische Beziehung: Es geht meist nicht darum, dass Du einmal im Jahr teure Rosen oder Urlaube an Deinen Partner verschenkst. Es geht darum, dass Dein Partner bei jeder Interaktion jeden Tag spürt, dass Du ihn und seine Rolle in Deinem Leben wertschätzt. Wenn Du das hinbekommst, gibt es deutlich weniger Anreize für Deinen Partner beziehungsweise Deinen Kunden, Dich zu verlassen und einen Mitbewerber zu wählen.

MARKUS BUCHMANN

**2. VORSITZENDER DES VORSTANDS
MHP RIESEN LUDWIGSBURG**

Das Thema Vertrieb spielt bei uns eine sehr
große und zentrale Rolle, da wir uns als
Profi-Basketballverein vor allem über
Ticket- und Sponsoringeinnahmen finanzieren.

Markus Buchmann ist ein sportbegeisterter Vertriebler mit umfangreicher Erfahrung in Wirtschaft, Agentur und Profi-Sport. Als zweiter Vorsitzender des Profi-Basketballvereins MHP RIESEN Ludwigsburg versteht er die entscheidende Rolle, die Vertrieb in seinem Unternehmen spielt, insbesondere da sich der Verein hauptsächlich über Ticket- und Sponsoringeinnahmen finanziert.

Buchmann beschreibt die Entwicklung des Verkaufs und Vertriebs in den letzten zehn Jahren mit drei Schlagworten: Handschlag, Wettbewerb und Nachhaltigkeit. Er bemerkt, dass der traditionelle Handschlag-Vertrag immer seltener geworden ist, da komplexe vertragliche Inhalte heutzutage wichtig sind. Der Wettbewerb hat zugenommen, da Produkte oft austauschbar sind, und die Persönlichkeit und Werte des Verkäufers wichtiger geworden sind. Zudem hebt er die zunehmende Bedeutung eines nachhaltigen Vertriebs hervor.

Als mitverantwortlich für seinen Erfolg nennt er die Fähigkeit, auf seine Mitarbeitenden einzugehen, sie zu fordern und zu fördern. Sein Rat an Führungskräfte im Vertrieb lautet, auch nach einem „Nein" nicht aufzugeben und neue Wege zu finden. Ein Beispiel für seine Ausdauer ist ein Projekt, bei dem er trotz anfänglicher Schwierigkeiten eine erfolgreiche Partnerschaft mit einem Reisebüro abschloss.

Buchmann empfiehlt besonders jungen Vertriebsmitarbeitenden, authentisch zu bleiben, auf die Bedürfnisse ihrer Kunden einzugehen und ihre Ziele immer vor Augen zu haben. Er unterstreicht die Bedeutung eines starken Vertriebsmanagements, das sich an Marktentwicklungen anpassen kann, um stets auf Kurs zu bleiben.

11
Warum Du ein System brauchst

Stell Dir vor, Du gehst in eine Filiale einer großen Ladenkette, beispielsweise ein Mode- oder Elektronik-Geschäft. Was fällt Dir auf? Der Laden sieht überall gleich aus, die Regale sind ordentlich sortiert und das Personal trägt die gleiche Kleidung mit dem Firmenlogo. Warum ist das so? Das liegt daran, dass erfolgreiche Unternehmen eine klare Struktur haben. In jeder Filiale gibt es genaue Prozesse für alle Aufgaben, die im täglichen Geschäft anfallen. Stell Dir vor, ein Kleidungsstück ist nicht mehr auf Lager – was passiert? Es gibt klare Vorgaben für die Bestellung von Nachschub. Was passiert, wenn ein Kleidungsstück beschädigt ist? Auch dafür gibt es klare Vorgaben für den Umgang mit Retouren oder Reparaturen. Das Personal weiß genau, wie es vorgehen muss.

Diese Struktur ist der Schlüssel zum Erfolg. Denn sie ermöglicht es der Kette, überall auf der Welt zu expandieren und dennoch eine gleichbleibende Qualität und Serviceerfahrung zu bieten. Das Personal in der Filiale in Barcelona arbeitet mit den gleichen Prozessen wie das Personal in Stuttgart oder New York. Es ist nicht so, dass jedes Team vor Ort seine eigene Art der Organisation entwickelt und sich am Ende des Monats austauscht, wie sie die Herausforderungen angegangen sind. Dies ist kein spontanes Ereignis, sondern ein laufender Prozess, der ein funktionierendes System erfordert. Leider gibt es immer noch Firmen, die glauben, dass jeder Mitarbeiter individuell arbeiten sollte und dass es kein System benötigt. In Wirklichkeit zeigt dies jedoch nur, dass die Führungskräfte nicht stark genug sind, um ein System durchzusetzen und die Vorteile zu erkennen. Dabei entlastet ein funktionierendes System sie, da es den Mitarbeitern und Kunden Sicherheit gibt. Es regelt, wie E-Mails geschrieben, Telefonate geführt, Kunden bearbeitet und angesprochen werden und welche Werbekanäle genutzt werden. Der Kunde weiß, was ihn erwartet und hat eine gleichbleibend positive Erfahrung, die seine Loyalität erhöht.

Ebenso ermöglicht ein System praktische Qualitätssicherung. Der Mitarbeiter hat eine Grundstruktur, auf der er aufbauend alle Punkte abarbeiten kann. Ein Mitarbeiter, der innerhalb eines Systems arbeitet, vergisst keine wichtigen Punkte. Ohne ein System kann es schwierig sein, eine einheitliche Erfahrung für den Kunden sicherzustellen. Wie soll denn eine Qualitätssicherung funktionieren, wenn jeder Mitarbeiter macht, was er möchte?

Somit macht ein System den Vertrieb überhaupt erst mess- und skalierbar. Wie viele Telefonate braucht ein Verkäufer im Durchschnitt , um ein Geschäft abzuschließen? Warum benötigen manche zwei und andere sechs Gespräche, um den Kunden zum Abschluss zu bringen? Was kann optimiert werden? Durch Messbarkeit kannst Du als Geschäftsführer oder Führungskraft feststellen, was funktioniert und was nicht, und dementsprechend reagieren. Lücken und Verbesserungspotenzial liegen durch die Vergleichbarkeit plötzlich auf der Hand.

Ein vierter wichtiger Vorteil eines gut funktionierenden Systems ist, dass es eine solide Grundlage für die Planung bietet. Wenn Du weißt, dass Dein Vertriebsmitarbeiter in der Regel 20 Kundengespräche pro Woche führt und im Unternehmensdurchschnitt in jedem zweiten Gespräch ein Geschäft abgeschlossen wird, kannst Du den Umsatz hochrechnen und entsprechend planen. Du weißt, welche zusätzliche Anzahl an Kunden die Einstellung von drei weiteren Verkäufern in etwa bedeuten wird. Ohne ein System müsstest Du Dich auf vage Vermutungen oder Schätzungen verlassen, was zu ungenauen Prognosen und damit zu unvorhergesehenen Herausforderungen führt. Gerade im Vertrieb musst DU Dich aber auf Deine Zahlen verlassen können, damit Du anhand des potenziellen Umsatzes einschätzen kannst, welches Budget Dir für Investitionen zur Verfügung steht.

Als Geschäftsführer ist es daher wichtig, den Überblick zu behalten, wie der Vertrieb läuft. Jeden Tag. Wie viele Kundenanfragen erreichen Dein Unternehmen beispielsweise täglich? Wöchentlich? Es geht hierbei nicht darum, ob es an einem Tag 14 und am nächsten 16 oder zwölf sind, sondern vielmehr darum, ob es an einem Tag 14 und am nächsten drei sind. Wenn Du erst am Monatsende erfährst, dass zu Beginn des Monats die Verkaufszahlen rapide gesunken sind, hast Du deutlich weniger Zeit, die Gründe hierfür zu finden und zu beheben.

Es lohnt sich für Dich als Führungskraft, tiefer in die Daten zu gehen. Abschlusszahlen zeigen nicht den Trend, sondern sind ein verspäteter Indikator für den Geschäftserfolg sowie die Attraktivität und Aktivität beim Kunden. Wie viele Kunden werden täglich angesprochen und wie viele davon schließen im Durchschnitt einen Vertrag ab? Wenn Starbucks beispielsweise feststellt, dass weniger Kunden in eine der Filialen kommen, ist es für sie essenziell, diesen Kundenschwund unverzüglich festzustellen – nicht erst im Quartalsabschluss. Gibt es ein neues Café um die Ecke? Ist die Google-Bewertung schlechter geworden? Durch eine klare Struktur und eine tiefe Analyse der Daten kann der Filialleiter diese Fragen schnell beantworten und entsprechend reagieren, um zu vermeiden, dass die Kunden unbemerkt zur Konkurrenz abwandern.

Die perfekte Struktur für Deinen Vertrieb

Ein Vertrieb ohne Struktur und Planung ist genauso schwierig und verwirrend wie das Aufbauen eines IKEA-Möbelstücks ohne Anleitung. Wenn Du versuchst, IKEA-Möbel ohne Bauplan zusammenzusetzen, hast Du keine klare Vorstellung davon, welche Teile zusammengehören und wie das Endergebnis aussehen soll. Im Zweifel ist das Billyregal am Ende schief. Ähnlich ist ein Vertrieb ohne Struktur chaotisch und ineffektiv, da es keinen klaren Plan gibt, wie die Verkaufsprozesse ablaufen sollen, welche Vertriebskanäle genutzt werden sollen oder wie Kundenbeziehungen gepflegt werden sollen. Ohne eine klare Struktur im Vertrieb ist es somit schwer, ein erfolgreiches und konsistentes Verkaufserlebnis für den Kunden zu schaffen.

Die perfekte Struktur für Deinen Vertrieb beginnt damit, sich Deinen Kunden anzuschauen und ihren gewohnten Weg beim Kauf Deines Produkts zu analysieren. Der erste Schritt besteht also darin, sich zu fragen: Wer ist mein Kunde? Was ist sein Wunsch und wie möchte er diesen erfüllt bekommen? Möchte er beispielsweise Solarpaneele online kaufen, weil er sich gern in Foren und Blogs beliest, oder bevorzugt er den physischen Kontakt und eine Beratung vor Ort?

Wenn er seine Solarpaneele online kaufen möchte: was möchte er vor Verkaufsabschluss erfahren? Wenn der Kunde seine Solarpaneele im Laden kaufen möchte, worauf sollte das Hauptaugenmerk der Beratung liegen? Was sind die Knackpunkte für einen Geschäftsabschluss? Was muss auf jeden Fall gegeben sein, um den Kunden zu überzeugen, und was sind nette Extras, die die Loyalität fördern können? Es ist wichtig zu verstehen, dass bei bestimmten Investitionen der physische Kundenkontakt entscheidend sein kann. Wir begehen oft den gedanklichen Fehler, dass der Kunde alles digital kaufen möchte, ohne persönlichen Kontakt oder Beratung. Aber das stimmt nicht. So kaufen die Kunden der Parfümerie-Kette Douglas am liebsten offline. Viele Kunden bevorzugen es, Düfte und Kosmetikprodukte in der Filiale auszuprobieren und sich von den Mitarbeitern beraten zu lassen, anstatt sie online zu bestellen. Douglas hat deshalb trotz der Konkurrenz durch Onlinehändler wie Amazon und Zalando immer noch eine starke Präsenz in Einkaufszentren und Innenstädten, zusätzlich zu ihrem eigenen Webshop. Andersherum denkst Du vielleicht bei bestimmten Produkten: „Das würde doch nie jemand übers Internet kaufen!" Zum Beispiel ein Abo für Rasierklingen. Doch genau das hat „Dollar Shave Club" getan. Dollar Shave Club wurde 2011 in den USA gegründet und liefert Rasierklingen per Abonnement direkt an die Haustür der Kunden. Das Unternehmen zielt darauf ab, hochwertige Rasierklingen zu einem Bruchteil der Kosten traditioneller Einzelhändler anzubieten. Das Unternehmen wendet sich an Kunden, die von den hohen Preisen und der mangelnden Bequemlichkeit des Kaufs von Rasierklingen im Einzelhandel frustriert sind. Das Konzept von Dollar Shave Club war so erfolgreich, dass es 2016 von Unilever für eine Milliarde US-Dollar übernommen wurde.[73]

Die Onlinevertriebsstrategie von Dollar Shave Club basiert auf einem einfachen und ansprechenden Werbekonzept sowie auf einem effektiven Abonnementmodell. Kunden können zwischen verschiedenen Rasierklingen-Abonnements wählen und ihre Lieblingsrasierklingen automatisch jeden Monat oder alle paar Monate nach Hause geliefert bekommen. Das Unternehmen hat es geschafft, eine loyale Kundenbasis aufzubauen, die regelmäßig ihre Rasierklingen von Dollar Shave Club bezieht.

Der zweite Schritt für den Aufbau einer Struktur besteht darin, bei der Wahl Deines Vertriebskanals zu berücksichtigen, um welches Produkt es sich handelt und welche Wege in der Branche bereits etabliert sind. Oftmals ist es nicht notwendig, einen neuen Vertriebsweg zu erschließen, sondern es kann sinnvoller sein, sich an den bereits geübten Wegen in der Branche zu orientieren und sich darauf zu fokussieren, ein innovatives Produkt anzubieten. Denn der Kunde ist an die etablierten Verkaufskanäle gewöhnt und es bedarf oft eines erheblichen Aufwands, um eine neue Vertriebsmethode zu etablieren. Ein System zu etablieren, bedeutet natürlich nicht, das ein Vertriebsweg in Stein gemeißelt ist, sobald Du Dich einmal dafür entschieden hast. Einem klaren und routinierten Ablauf zu folgen, sollte nicht zu Starrheit führen. Ein System hilft Dir vielmehr zu erkennen, welche Wege funktionieren und welche nicht. Selbst wenn ein bestimmter Vertriebskanal bisher immer funktioniert hat, solltest Du bereit sein, diesen Kanal aufzugeben und bessere Kanäle zu nutzen, wenn sich die Gelegenheit bietet. Denn auch wenn Du denkst, dass Deine Vertriebsprozesse perfekt funktionieren, kann es immer Verbesserungspotential geben.

Ein Beispiel für ein deutsches Unternehmen, das seinen Vertriebskanal angepasst hat, ist die Firma mymuesli. Ursprünglich hat das Unternehmen ausschließlich über den eigenen Onlineshop verkauft, aber mittlerweile sind die Müslisorten auch in vielen Supermärkten und Drogerien in Deutschland, Österreich und der Schweiz erhältlich. Dadurch konnte das Unternehmen seine Reichweite erhöhen und neue Kundengruppen erschließen. Das Unternehmen erkannte, dass eine Ausweitung der Vertriebswege sinnvoll war, um die Bekanntheit der Marke zu steigern. Mymuesli wollte in den Köpfen und Haushalten der Konsumenten ankommen. Während der Corona-Pandemie schwenkte das Unternehmen erneut um und erwirtschaftet nun einen wieder größer werdenden Teil seines Umsatzes online. [74] Eine kontinuierliche Anpassung an die Bewegungen auf dem Markt zahlt sich also aus. Daran zeigt sich bereits der dritte Schritt: handeln. Nicht bei der Analyse verweilen. Oder auf guten Zahlen ausruhen, sondern stets die Lücke suchen. Nehmen wir an, ein Unternehmen hat perfekte Vertriebsprozesse aufgesetzt, alles digitalisiert und optimiert. Nur leider ist die Beratung unterirdisch. Die Geschäftsführung hat sich so sehr in die Technik verliebt, dass sie den Kunden aus den Augen verloren hat.

So wie das Online-Möbelhaus Home24. Obwohl es eine große Auswahl an Möbeln bietet und der Bestellprozess einfach und schnell ist, berichteten viele Kunden zuletzt, dass die Qualität der Beratung und des Kundenservice unzureichend ist. Besonders bei Fragen zur Montage oder Rückgabe der Möbel gab es oft Probleme und Unklarheiten. [75] Home24 ergriff daraufhin Maßnahmen, um die Qualität der Beratung und des Kundenservice zu verbessern und das Vertrauen der Kunden zurückzugewinnen. Das zeigt, dass nicht die Technologie, sondern der Kunde im Mittelpunkt Deiner Überlegungen stehen muss, um die perfekte Struktur für Deinen Vertrieb zu schaffen. Denk immer an die mahnenden Worte von Bill Gates zum Einsatz von Technologie: „Die erste Regel für jede in einem Unternehmen eingesetzte Technologie lautet, dass die Automatisierung eines effizienten Vorgangs die Effizienz steigert. Die zweite Regel lautet, dass die Automatisierung eines ineffizienten Vorgangs die Ineffizienz noch verstärkt." [76]

Du musst Vertrieb also nicht neu erfinden oder einen einzigartigen Vertriebsweg entdecken, sondern schlicht handeln. Schau Dir an, wie Deine Konkurrenz ihre Produkte vertreibt! Wenn es darum geht, erfolgreich im Vertrieb zu sein, ist es wichtig, dass Du Dich auch mit der Konkurrenz auseinandersetzt. Viele Unternehmer haben eine Abneigung gegenüber bestimmten Konkurrenten und würden niemals bei ihnen kaufen. Diese Abneigung geht so weit, dass sie sich nicht einmal mit den Mitbewerbern beschäftigen wollen, obwohl es zum Vorteil ihres eigenen Unternehmens wäre. In diesem Fall geht es nicht um Deine eigene Meinung, sondern um die Wahrnehmung und Kaufgewohnheiten der Kunden. Es ist wichtig, dass Du Dich nicht von der eigenen Vorstellung leiten lässt, sondern Dich auf die Bedürfnisse und Wünsche der Kunden konzentrierst.

Ich bin beispielsweise persönlich kein Fan von digitalen Bankdienstleistungen, verstehe aber, dass viele Menschen diese Art von Services schätzen und nutzen. Und es ist offensichtlich, dass sich die heutigen modernen Banken darauf fokussiert haben, eine möglichst gute Onlineerfahrung für ihre Kunden zu bieten. Wenn ich also eine Bank gründen würde, würde ich mein Geschäftsmodell entsprechend ausrichten, um den Bedürfnissen meiner Kunden gerecht zu werden. Indem Du Dich mit den Vertriebsstrategien und -kanälen der Konkurrenz auseinandersetzt und diese analysierst, kannst Du herausfinden, welche Strategien und Kanäle erfolgreich sind und welche nicht.

Kundenerfahrung optimieren: Warum klare Regeln und persönliches Engagement wichtig sind

Welche Regeln und Grundlagen sollen nun für Deinen Vertriebsprozess verpflichtend sein? Bespreche diese Frage unbedingt mit Deinen Verkäufern. So kannst Du herausfinden, was überhaupt möglich ist und welche Erwartungen realistisch sind. Zum Beispiel kannst Du festlegen, dass jeder Kunde begrüßt werden soll, wenn er den Laden betritt.

Du fragst Dich, ob das nicht zu detailorientiert ist und ob es wirklich Aufgabe der Geschäftsleitung ist, so etwas festzulegen? Ich sage Dir: Ja, es ist wichtig, sich auch um solche Details zu kümmern. Schließlich ist es Deine Hauptverantwortung, die Kundenerfahrung zu optimieren. Und das fängt nun mal bei der Begrüßung im Laden oder auf der Webseite an. Auch wenn das ein kleines Detail zu sein scheint, kann es einen großen Unterschied für die Kundenerfahrung machen.

Schau Dir an, wie der Kunde empfangen und behandelt wird und arbeite daran, bis es Deinen Vorstellungen entspricht. Der Gründer von IKEA, Ingvar Kamprad, war beispielsweise bekannt dafür, regelmäßig in den IKEA Cafés die berühmten schwedischen Fleischbälle zu essen. [77] So handelte er als Vorbild für seine Mitarbeiter und erhielt gleichzeitig unschätzbare Einblicke, welche Erfahrung IKEA-Kunden geboten wird.   Auch Du solltest Dich aktiv um Deine Kunden kümmern und ihnen das Gefühl geben, dass sie wichtig sind. Vielleicht kennst Du die Fernsehsendung „Undercover Boss". Dort verkleiden sich Chefs, um mit ihren Mitarbeitern – verkleidet als Praktikant – in Kontakt zu kommen und herauszufinden, wie der Laden wirklich läuft.

Dabei sollte das selbstverständlich und auch ohne Verkleidung und Fernsehteam möglich sein! Suche regelmäßig den direkten Kontakt zu Deinen Kunden und finde heraus, wie Du ihre Erfahrung verbessern kannst. Nur so kannst Du sicherstellen, dass Dein Vertrieb erfolgreich ist und Deine Kunden zufrieden sind.

Die Regel-Bibel für den Vertrieb

Ich habe eine umfangreiche Regel-Bibel für meine Mitarbeiter erstellt, die alle wichtigen Regeln und Vorgaben enthält. Die Regel-Bibel ist ein wichtiger Bestandteil unseres Onboardings und viele Bewerber finden es hilfreich, dass wir klare Regeln haben. In der Tat haben uns viele Bewerber im O-Ton gesagt: „Wie toll, ihr seid die erste Firma, die Regeln hat." Einmal im Jahr halte ich auch eine Sitzung mit all meinen Vertriebsmitarbeitern ab und lese ihnen persönlich die Regel-Bibel vor. Das dauert einen ganzen Tag, aber ich finde es wichtig, dass alle Mitarbeiter diese Informationen hören und verstehen. Das Prinzip der Regel-Bibel wende ich in vielen Bereichen an.

Wenn wir Vereinbarungen mit unseren Handelsvertretern treffen, gehen wir ähnlich vor wie bei EU-Gipfeln. Wir verfassen ein Abkommen, lesen es laut vor und alle Parteien unterschreiben es. Auf diese Weise können wir sicherstellen, dass jeder Beteiligte das Abkommen gelesen und verstanden hat und es später keine Missverständnisse gibt. Hinterher kann so niemand behaupten, er hätte das Abkommen nicht gelesen. Eine Regel-Bibel ermöglicht es, die Gedanken des CEOs und die Grundsätze des Gründers auf klare und verständliche Art und Weise zu kommunizieren. Dadurch erhalten Mitarbeiter Klarheit über ihre Aufgaben und Erwartungen, was sich wiederum positiv auf die Arbeitsatmosphäre und das Ergebnis auswirkt.

Ein Beispiel dafür, wie eine Regel-Bibel in der Praxis funktioniert, bietet das Unternehmen Zappos aus den USA. Der Online-Schuhhändler legt viel Wert auf eine offene Unternehmenskultur und hat eine ausführliche Regel-Bibel erstellt, die für alle Mitarbeiter zugänglich ist. Darin werden Werte wie Ehrlichkeit, Demut und Begeisterung definiert und es wird aufgezeigt, wie diese Werte im Arbeitsalltag umgesetzt werden können. Um das Handbuch möglichst ansprechend zu gestalten, ist das Zappos-Handbuch vom Comic-Stil inspiriert.[78] Die Zappos-Regel-Bibel ist so erfolgreich, dass sie auch von anderen Unternehmen als Vorbild genommen wird. Das Verfassen der Regel-Bibel zwingt Dich außerdem als Geschäftsführer oder Gründer, Dich wirklich auf den Kern Deiner unternehmerischen Ambitionen zu fokussieren und Deine Vision so klar wie möglich zu Papier zu bringen. Dadurch wird eine klare Vision geschaffen, die als Leitfaden für das gesamte Unternehmen dient. So verstehen die Mitarbeiter zum einen, wohin die Reise gehen soll, und zum anderen wird ihnen erläutert, wie sie auf realistische Weise dort hingelangen können.

Eine solche Regel-Bibel schreibst Du nicht an einem Tag herunter. Jedes Jahr nehme ich mir zwei Tage Zeit, um die Regel-Bibel zu überarbeiten und zu überprüfen, ob sie noch meiner heutigen Sichtweise entspricht. Ich gehe auf Klausur mit mir selbst, setze mich mit der Regel-Bibel hin und gehe in mich: Ist das noch so, wie ich die Welt sehe? Oder sehe ich sie heute ganz anders? Es ist wichtig, dass die Regel-Bibel vom CEO oder Gründer selbst verfasst wird, um sicherzustellen, dass die Grundsätze des Unternehmens klar und authentisch definiert sind und nicht von der Marketingabteilung verfälscht werden. Du solltest Dich darauf besinnen, keine druckreifen Marketingsätze niederzuschreiben, sondern handfeste Absichten.

Es ist sinnfrei, Regeln aufzusetzen, die auf dem Papier gut klingen und politisch gut ankommen, in der Realität aber niemanden weiterbringen oder sogar kontraproduktiv sind. In der Regel-Bibel solltest Du definieren, was Du als CEO von Deinen Mitarbeitern erwartest. In der Regel-Bibel schlägt sich auch die Vision des Unternehmens nieder. Was will ich als CEO mit meinem Unternehmen erreichen und welche Ziele verfolgen wir? Dabei ist es wichtig, dass diese Vision auch in konkreten Zahlen ausgedrückt wird. So kann beispielsweise definiert werden, wie viel Wachstum das Unternehmen pro Jahr in Prozent erwartet. Ein Beispiel für ein Unternehmen mit einer klaren Vision, ist wieder einmal Tesla. In der Tesla-Regel-Bibel, die als „Master Plan" bekannt ist, beschreibt Gründer Elon Musk seine Vision, die Mobilität auf erneuerbare Energiequellen umzustellen. Dabei werden konkrete Ziele definiert, wie beispielsweise die Einführung eines erschwinglichen Elektroautos für den Massenmarkt. Eine weitere wichtige Information für die Regel-Bibel ist, wie Mitarbeiter in Deinem Betrieb mit Konflikten umgehen sollen. Ein klassisches Thema ist, wenn ein Verkäufer dem anderen einen Kunden wegschnappt. In der Regel-Bibel steht, wie Du als Vertriebs- verantwortlicher darauf reagierst. Das macht aus meiner Sicht Führung be- rechenbar, sodass jeder Vertriebler in Deinem Unternehmen weiß, was er zu erwarten hat, wenn er einem anderen Verkäufer einen Kunden wegnimmt. Die Regel-Bibel sorgt für Klarheit und Verbindlichkeit, vom Geschäftsfüh- rer zum Verkäufer und zwischen den Verkäufern. Das verhindert Konflikte, Diskussionen und Frustrationen.

Außerdem sorgt die Regel-Bibel dafür, dass alle Mitarbeiter auf dem neuesten Stand sind. Oftmals ändern Geschäftsführer im Laufe der Zeit ihre Meinung, Ziel, Zielgruppen oder Vorgehensweisen im Unternehmen, ver- gessen aber, das ihren Mitarbeitern mitzuteilen. So kommt es zu einem un- gleichen Wissensstand im Unternehmen. Eine regelmäßig aktualisierte und gemeinsam vorgelesene Regel-Bibel sorgt für Wissensgleichstand und hilft dabei, das gesamte Team auf den gleichen Stand zu bringen. So schafft die Regel-Bibel Klarheit und Transparenz für die Mitarbeiter und stellt sicher, dass das Unternehmen auf einem klaren Kurs bleibt.

Vertriebsqualität entwickeln

In dem Moment, in dem Du als Führungskraft Strukturen schaffst, kann Vertriebsqualität entstehen. Unter Vertriebsqualität verstehe ich das Sammeln und Eintragen vertriebsrelevanter Daten in einer internen Kundendatei. Idealerweise wird das Kundenprofil bei oder nach jedem Kundenkontakt beispielsweise mit Notizen zu Verkaufsgesprächen und Kundenwünschen ergänzt. Doch wie entwickelst Du eine standardisierte Qualität, auf die sich Kunden, Mitarbeiter und auch Du als Führungskraft verlassen können? Die grundlegende Herausforderung besteht darin, dass der Umsatz gemessen wird, aber nicht die Qualität.

Doch wann ist ein Verkaufsprozess eigentlich wirklich abgeschlossen? Viele Verkäufer denken, dass er beendet ist, wenn sie einen Verkauf getätigt haben. In meiner Welt ist ein Neugeschäft erst abgeschlossen, wenn die Qualitätsdaten erfasst sind. Denn für das Unternehmen ist der Prozess erst zum Abschluss geführt, wenn die Qualitätskriterien drumherum erfüllt sind, zum Beispiel durch einen Follow-up-Anruf, das Ausfüllen von CRM-Systemen oder eine Dankes-E-Mail.

Der Verkaufsprozess ist also erst vollumfänglich abgeschlossen, wenn das Unternehmen sein Versprechen gegenüber dem Kunden erfüllt hat, und zwar nicht nur mit der Vertragsunterschrift. Viele Verkäufer werden darauf geeicht, nur die Unterschrift einzuholen. Das ist verständlich, denn dafür erhalten sie ihre Provision. Das kann zu Situationen führen, in denen Du beispielsweise einen Auftrag für den Ausbau Deiner Terrasse vergibst und anschließend nie wieder etwas vom Handwerker hörst. Der Verkäufer war motiviert, aber der ausführende Teil der Firma – der Handwerker – weniger. Irgendwo in der Kette gab es eine Unterbrechung. Dieses Problem lässt sich jedoch leicht lösen, indem Du eine halbe Provision bei Unterschrift zahlst und den Rest erst nach Erbringung der Leistung. Auf diese Weise schaffst Du Anreize, Datenpflege als wichtigen Teil der Verkäuferleistung und des Kundenerlebnisses zu interpretieren. Verkäufer sollten belohnt werden, wenn sie Daten pflegen, beispielsweise durch Prämien. CEOs sagen oft, dass Qualität schon eingepreist ist, doch tatsächlich macht es niemand im Team! Dabei ist es langfristig Dein Problem als CEO, wenn die Daten nicht gepflegt werden. Denn gerade die Informationen aus den Notizen, die sich ein aufmerksamer Verkäufer zu einem Kunden aufschreibt, ermöglichen eine Betreuung, die dem Kunden das Gefühl gibt, als Person wertgeschätzt zu werden und binden ihn an Dein Unternehmen. Es ist also wichtig, dass Du Deine Mitarbeiter für ihre Leistungen und ihr Engagement im Bereich der Datenerfassung und Datenpflege belohnst, um eine hohe Qualität im Verkaufsprozess zu gewährleisten.

Wie viel Vertriebsqualität benötigst Du und wofür dient sie eigentlich?

Leider nutzen viele Unternehmen Daten vor allem dazu, die Schuldigen zu definieren, wenn einmal etwas nicht so gut gelaufen ist. Im Schadensfall wird dann geprüft, ob der betroffene Verkäufer die Qualitätsstandards erfüllt hat. In meiner Welt sollte Qualität ein durchgängiger Prozess sein und in die Leistungsbewertung eines Verkäufers einfließen.

Leider erlebe ich Qualität oft nur als Strohfeuer in Systemen. Daten werden oft in blindem Aktionismus schnell aktualisiert, wenn auf einmal Bedarf danach besteht oder der CEO danach fragt. Anstatt eine langfristige Perspektive zu verfolgen, wird Qualität nur phasenweise gewährleistet. Die Daten werden eingefordert, schnell aktualisiert und zusammengefasst, aber in der nächsten Woche interessiert sich wieder keiner dafür und keiner pflegt sie, bis der nächste Bedarf auftaucht. Die Mitarbeiter wissen, dass das so funktioniert, nur die Vorstände scheinbar nicht. Ich denke, Qualität sollte etwas sein, das Du Dir als CEO jede Woche zeigen lässt. Deswegen lasse ich mir jede Woche die Qualitätskennzahlen meines Teams präsentieren: Wie oft nehmen sie das Telefon in die Hand, wie pflegen sie das CRM und andere Qualitätskennzahlen. Das bietet den Vorteil, dass ich sehe, wenn die Qualitätsdaten schlechter werden, bevor sie katastrophal schlecht sind und ein größerer Eingriff erforderlich ist.

Qualitätspflege in Unternehmen kannst Du mit der Pflege eines Gartens vergleichen. Wie bei einem Garten müssen auch bei der Qualitätspflege im Unternehmen kontinuierliche und sorgfältige Arbeit geleistet werden, um ein nachhaltiges und gesundes Wachstum zu ermöglichen. Wenn Du Dich nicht regelmäßig um die Qualität kümmerst, kann sie schnell verloren gehen oder stagnieren. Wie Unkraut im Garten können auch Mängel in der Qualität schnell auftreten, wenn Du sie nicht rechtzeitig erkennst und behebst. Wenn Du regelmäßig das Unkraut ausrupfst, kann es nie den Garten überwuchern. Wenn Du dagegen nachlässig in der Gartenpflege bist, wächst Dir das Unkraut schnell über den Kopf und Du greifst erst ein, wenn es schon tiefe Wurzeln gebildet hat. Je größer der Garten, desto unübersichtlich wird natürlich, was alles zu tun ist, wo Du wie zu welcher Zeit eingreifen sollst. Um den Überblick zu behalten, möchte ich Dich daher mit einem simplen, aber schlagkräftigen Werkzeug vertraut machen: Checklisten.

Die Magie der Checklisten

Mitte der 30er Jahre führte der Flugzeugbauer Boeing sogenannte Preflight-Checklisten ein. Boeing hatte bemerkt, dass es für die Piloten ihrer Flugzeuge, vor allem während der Vorbereitungs- und Startphase, notwendig war, eine zusätzliche Stütze zur Erinnerung zu haben. Diese Unterstützung sollte dazu dienen, potenzielle Gefahren und Risiken zu vermeiden, die durch mangelnde Aufmerksamkeit oder unvollständige Kontrolle entstehen könnten. Der Preflight-Check ist eine technische Überprüfung der Maschine kurz vor dem Start, die in der Regel vom Piloten selbst durchgeführt wird. Dabei werden offensichtliche Unstimmigkeiten wie der Zustand der Bereifung und Tragflächen überprüft.

Der Verantwortliche überprüft auch Papiere, Logbücher, Einstellungen am Flugzeug und Ausrüstung sowie Außenseiten des Flugzeugs auf Risse, Beulen oder Kratzer. Weitere Überprüfungen betreffen Flugsteuerungen, Kraftstoff- und Ölstand und gegebenenfalls die Schnee- oder Eisfreiheit der Außenhaut. Die Bewertung dieser Kriterien bestimmt, ob das Flugzeug flugtauglich ist oder nicht.[79] Egal, wie lange ein Pilot schon fliegt, ob er seinen Erstflug mit Passagieren antritt oder den letzten Flug vor der Pensionierung: Die Punkte auf der Checkliste sind immer die gleichen. Das menschliche Gedächtnis ist fehleranfällig – wir vergessen alle ständig kleine oder größere Dinge. Checklisten helfen uns, in einer festgelegten Abfolge und mit Routine vorzugehen und sparen dadurch gleichzeitig mentale Power, die wir an anderer Stelle für Ideen oder Problembewältigung nutzen können.

Die Vorteile von Checklisten für Deinen Vertrieb

Ich bin ein großer Befürworter von Checklisten im Vertriebsalltag. Checklisten sind erstens ein wichtiges Instrument zur Orientierung und zweitens zur Qualitätssicherung. Drittens reduzieren sie Stress. Alles, was auf der Checkliste notiert ist, muss ich nicht permanent präsent im Kopf haben. Sie geben dem Mitarbeiter klare Vorgaben, was er erledigen muss. Nur wenn die Checkliste vollständig und korrekt ist, kannst Du am Ende des Tages bewerten, ob der Mitarbeiter Deine Erwartungen erfüllt hat oder nicht. Eine Checkliste kann dem Mitarbeiter auch helfen, seine Aufgaben effektiver zu erledigen, indem er sich auf das Wesentliche konzentriert und nicht durch unnötige Ablenkungen oder Nachfragen gestört wird. Ebenso tragen sie zur Qualitätssicherung bei, weil sie auf die Vollständigkeit und die Reihenfolge von Tätigkeiten achten.

Nur wenn alle Punkte auf der Checkliste korrekt abgearbeitet wurden, kann der Mitarbeiter sicherstellen, dass die Arbeit den Anforderungen entspricht. Nur mit Checklisten kannst Du sicherstellen, dass der Mitarbeiter am Ende auch die Erwartungen des Kunden erfüllt. Das gilt sowohl für interne Prozesse als auch für Dienstleistungen und Produkte, die an Kunden geliefert werden. Stellen wir uns vor, ein Verkäufer hat in einem Kundengespräch um einen Bausparvertrag wichtige Informationen nicht erfasst, weil er keiner strukturierten Vorgehensweise folge. Er redete eineinhalb Stunden lang mit dem Kunden, ohne sich ein einziges Mal nach dessen aktueller Wohnsituation zu erkundigen. Dabei ist die Information essenziell, ob der Kunde aktuell zur Miete oder im eigenen Haus wohnt. Der Kunde fühlte sich im Anschluss natürlich nicht gut beraten und die Beratung wurde als ineffektiv empfunden. Hätte der Verkäufer eine Checkliste gehabt, die ihm Schritt für Schritt vorgibt, welche Informationen er sammeln muss, hätte er wahrscheinlich alle wichtigen Punkte erfasst und der Kunde wäre besser beraten worden. Als jemand, der in der Kundenberatung tätig ist, kann ich aus eigener Erfahrung sagen, dass Checklisten enorm hilfreich sind. Beispielsweise notiere ich auf einer Kontaktliste, mit wem ich wann Kontakt hatte, welche Themen besprochen wurden und welche Schritte ich noch unternehmen muss. Das erleichtert mir nicht nur die Arbeit, sondern gibt mir auch die Gewissheit, dass ich keinen wichtigen Schritt vergessen habe. Checklisten im Vertrieb sind wie Rezepte beim Kochen. Genauso wie Du beim Kochen eine Liste der Zutaten und Schritte benötigst, um ein köstliches Gericht zuzubereiten, brauchst Du im Vertrieb Checklisten, um sicherzustellen, dass Du alle notwendigen Schritte unternimmst, um den Verkaufsprozess erfolgreich abzuschließen. Wenn Du eine Zutat oder einen Schritt auslässt, kann das das gesamte Gericht oder den Verkauf ruinieren. Checklisten helfen dabei, sicherzustellen, dass Du alle wichtigen Aufgaben erledigst und nichts vergisst, um letztendlich das gewünschte Ergebnis zu erzielen.

Gerade wenn Du als Unternehmer am Anfang noch viele Aufgaben selbst übernimmst, kannst Du Dir eine persönliche Checkliste erstellen, um den Überblick zu behalten und nichts zu vergessen. Spätestens sobald Du Mitarbeiter hast, ist es wichtig, die Checklisten auszuformulieren und für alle zugänglich zu machen, um einen einheitlichen Standard zu gewährleisten. Genauso ermöglicht eine Checkliste Dir als Vorgesetzten, die Leistung Deiner Mitarbeiter objektiv zu bewerten und zu sehen, wie weit sie in ihrem Arbeitsprozess vorangeschritten sind. Checklisten sind ein einfaches und wirkungsvolles Instrument, um die Qualität von Arbeitsergebnissen zu sichern und die Effektivität von Arbeitsprozessen zu erhöhen. Sie dienen als Orientierungshilfe für Mitarbeiter und geben Dir die Möglichkeit, die Leistung Deiner Mitarbeiter objektiv zu bewerten. Checklisten kannst Du Dir wie eine Landkarte vorstellen, die einem den Weg zum Ziel weist. Ohne eine Landkarte kannst Du schnell vom Weg abkommen und Dich verirren – genauso kann ohne eine Checkliste die Qualität der Arbeitsergebnisse leiden und wichtige Schritte im Arbeitsprozess vergessen werden, sodass der Verkäufer sein Ziel verfehlt. Denn Verkäufer sind heute mehr denn je All-rounder, deren Aufgaben in den vergangenen Jahrzehnten an Komplexität zugenommen haben. Mit den wachsenden Anforderungen an den Job wuchsen dabei zeitgleich die Ansprüche der Verkäufer an sich selbst und an ihre Arbeitgeber. Dadurch haben wir es heute mit einer anderen Generation und Klasse von Verkäufern zu tun – diesem Aspekt widmen wir uns im folgenden Kapitel.

JANA UND GERD KULHAVY

GESCHÄFTSLEITUNG SPEAKERS EXCELLENCE

Vertrieb hat bei uns im Unternehmen von
Gründung an den höchsten Stellenwert
– getreu unserem Motto „Sales First".

Jana und Gerd Kulhavy sind die Gründer und Geschäftsführer von Speakers Excellence, der führenden Agentur im deutschsprachigen Raum für die Vermittlung hochkarätiger Referent:innen. Bereits seit 2002 bieten sie mit ihrem 20-köpfigen Team einen erstklassigen Service, der Qualität, Schnelligkeit und individuelle Betreuung hervorhebt. Mit Zugang zu über 3.500 Expert:innen aus unterschiedlichsten Bereichen unterstützt Speakers Excellence Unternehmen dabei, die perfekte Persönlichkeit für ihre Veranstaltungen zu finden.

Die Kulhavys betrachten jeden in ihrem Team als Teil des Vertriebs, da jeder Kontakt dazu beiträgt, vertrauensvolle Kundenbeziehungen aufzubauen. Sie glauben, dass Vertrieb und Verkauf in den letzten zehn Jahren emotionaler, digitaler und globaler geworden sind. Vor allem emotionale Verbindungen, erzeugt durch gemeinsame Erlebnisse, sind in Zeiten der Überinformation entscheidend. Die Digitalisierung hat den Vertrieb durch Automatisierung von Prozessen und die Erschließung neuer Kommunikationskanäle revolutioniert, während gleichzeitig die Globalisierung ungeahnte Möglichkeiten bietet.

Das Führungsverständnis bei Speakers Excellence ist geprägt durch die Prinzipien „Führen durch Vorbild" und „Führen als Coach". Dennoch betonen die Kulhavys, dass sie noch immer leidenschaftlich gern selbst mit Kunden in Kontakt sind und so ihre Dienstleistungen ständig an die aktuellen Bedürfnisse anpassen können. Sie sind davon überzeugt, dass Transparenz und klare Zieldefinitionen essenziell für eine erfolgreiche Führung im Vertrieb sind.

12

Personalentwicklung im Vertrieb

Ein starkes Team ist das A und O, denn Vertrieb ist ganz klar ein Mannschaftsport. Wie schaffst Du als Leitender aber aus einem losen Haufen verschiedener Persönlichkeiten ein zusammenhaltendes Team? Der Schlüssel hierfür liegt ganz klar in Deiner Personalentwicklung. Bevor ich zu konkreten Schritten für eine optimale Personalentwicklung komme, gehe ich zunächst auf die verschiedenen Generationen von Arbeitskräften und die heutigen Anforderungen ein, denen sich ein Verkäufer stellen muss. Denn ein Unternehmen gleicht im 21. Jahrhundert oft einer nie endenden Familienfeier: Da gibt es Onkel Herbert, der seinen Kaffee gerne lauwarm trinkt.

Niemand sonst versteht diese Vorliebe, aber jeder weiß, dass Onkel Herbert die besten Geschichten preisgibt, wenn man ihn mit einem lauwarmen Kaffee in Stimmung bringt. Ganz anders Deine Nichte Leonie, die spätestens alle zwei Stunden einmal im Garten toben sollte, weil sie ansonsten allen auf die Nerven geht mit ihrer Überschwänglichkeit. Nun könntest Du Dich darüber aufregen, dass jeder etwas anderes will und ganz bestimmte Erwartungen hegt, die manchmal nicht einfach unter einen Hut zu bringen sind. Aber als verantwortungsvolles Familienoberhaupt möchtest Du natürlich, dass die Familienfeier harmonisch abläuft. Also versuchst Du, so weit wie möglich Kompromisse zu finden, sodass jeder grundsätzlich zufrieden ist. Umso eher Du aufhörst, Dich darüber zu echauffieren, welche Anforderungen Deine Mitarbeiter stellen, umso früher kannst Du anfangen, Dir zu überlegen, welche Anforderungen machbar sind und wie Du so Deine Mitarbeiter zu Höchstleistungen motivieren kannst. Um Deine Mitarbeiter hinsichtlich Erwartungen und Anforderungen auf dem richtigen Fuß zu erwischen, lohnt ein Blick aus welcher Generation sie kommen.

Wie die verschiedenen Generationen ticken

Die aktuell größte Generation am Arbeitsmarkt ist die **Generation X**, die in den 1960er bis 1980er Jahren geboren wurde und somit heute etwa 40 bis 60 Jahre alt ist. Diese Generation ist oft in Führungspositionen anzutreffen und stellt somit auch viele Beschäftigte in Unternehmen. Generation X zeichnet sich vor allem durch ihre Familienorientierung und ihren Fokus auf eine gute Work-Life-Balance aus – sie wollen es besser machen als ihre Babyboomer-Eltern, die nicht viel Zeit für ihre Kinder hatten und eine sehr hohe Scheidungsrate aufwiesen.

Allerdings ist die nachfolgende **Generation Y**, auch als Millennials bezeichnet, die in den 1980er bis 2000er Jahren geboren wurde, auf dem Vormarsch und wird voraussichtlich in den kommenden Jahren die größte Gruppe an Beschäftigten stellen, gefolgt von der Generation Z. Generation Y ist wissbegierig. Sie sind die erste Generation, die mit der Realisation konfrontiert wurde, dass eine gute Ausbildung kein Garant für einen guten Job ist. Sie setzen daher auf lebenslanges Lernen.

Die **Generation Z** umfasst diejenigen, die in den späten 1990er Jahren bis Mitte der 2010er Jahre geboren wurden. Aufgewachsen in einer zunehmend digitalisierten Welt, sind sie seit ihrer Jugend bestens vertraut mit Technologie und sozialen Medien. Sie bevorzugen kurze, schnelle und visuelle Kommunikation und sind oft kritisch gegenüber Werbung. Unternehmen müssen sich anpassen, um diese Zielgruppe erfolgreich zu erreichen, indem sie auf authentische, werteorientierte und mobile Ansätze setzen. Auch Nachhaltigkeit und gesellschaftliche Verantwortung sind für die Generation Z wichtige Faktoren bei der Kaufentscheidung – und bei der Wahl ihres Arbeitgebers.[80]

Die **Generation Alpha** ist die derzeit jüngste Generation und besteht aus Kindern, die zwischen 2010 und 2025 zur Welt gekommen sind. Diese Generation wächst in einer Welt auf, die von Digitalisierung und Technologie geprägt ist. Daher haben sie in ihrem Leben einen sehr hohen technologischen Standard. Sie werden als „Digital Natives" bezeichnet, da sie mit dem Smartphone in der Hand und dem Laptop auf dem Schoß aufwachsen. Sie sind, seit sie denken können, von einer Vielzahl von digitalen Geräten und Plattformen umgeben, die ihre Interaktion mit der Welt bestimmen.

Welche Erwartungen haben die unterschiedlichen Generationen als Arbeitnehmer?

Die vielfältigen Charakteristika und Anforderungen der verschiedenen Generationen an Arbeitnehmern unter einen Hut zu bringen, ist nicht einfach. Die **Generation X** kannst Du Dir als „Selbstverwirklicher" vorstellen. Diese Gruppe strebt nach beruflichem Erfolg und Karriere, während sie gleichzeitig nach einem ausgewogenen Verhältnis zwischen Berufs- und Privatleben strebt. Die **Generation Y** strebt nach persönlichem Wachstum und Entwicklung sowie einem Arbeitsumfeld, das eine gute Work-Life-Balance ermöglicht. Die **Generation Z** hingegen sucht ein starkes Gemeinschaftsgefühl und Zusammengehörigkeit in ihrem Arbeitsumfeld und legt großen Wert auf Diversität und Inklusion.

Schließlich die **Generation Alpha**, die derzeit noch sehr jung ist, aber schon in den nächsten Jahren in den Arbeitsmarkt eintreten wird, und voraussichtlich ein hohes Maß an Flexibilität, Kreativität und Anpassungsfähigkeit erwarten wird, da sie in einer schnelllebigen und sich ständig verändernden Welt aufwachsen. Stell Dir vor, Arbeitnehmer dieser vier grundunterschiedlichen Generationen treffen sich nach Feierabend in einer Bar und tauschen sich über ihren Tag aus. Generation X sagt dann so etwas wie: „Ich habe heute so viele Kunden angerufen, dass mir die Finger weh tun vom vielen Nummernwählen!" Generation Y kontert: „Du glaubst noch an Vertrieb per Telefon? Der Kunde ist im Netz.

Ich habe heute den ganzen Tag damit verbracht, Marketingkampagnen auf Instagram und Facebook zu erstellen und zu posten." Generation Z meint dazu nur: „Ich habe heute eine App gefunden, die automatisch E-Mails an meine Kunden sendet, während ich auf meinem Skateboard durch die Stadt fahre." Und Generation Alpha setzt noch einen drauf: „Ich weiß nicht, was ihr macht, aber ich habe heute gelernt, wie man einen Roboter baut, der meine Arbeit erledigt!" Die Runde lacht und der Barkeeper fragt: „Was bekommt ihr denn zu trinken?" Daraufhin antwortet die Generation X: „Einen Whiskey, bitte." Die Generation Y bestellt einen Cocktail, die Generation Z einen Smoothie und die Generation Alpha einen zuckerfreien Eistee. Heutige Arbeitskräfte wollen also mehr als nur ein Gehalt und ein Arbeitsumfeld, das ihre Grundbedürfnisse erfüllt.

Sie erwarten, dass sie sich persönlich und beruflich weiterentwickeln können und dass ihre Arbeit einen Sinn hat. Sie möchten in einer Organisation arbeiten, die ihren Werten und Überzeugungen entspricht und sich für Nachhaltigkeit und soziale Verantwortung einsetzt. Sie wollen mehr als nur einen Job, sie wollen eine sinnvolle Karriere mit Entwicklungs- und Aufstiegsmöglichkeiten. Auch die Work-Life-Balance ist ein wichtiger Faktor, genauso wie die Möglichkeit zur Selbstentfaltung und die Vereinbarkeit von Familie und Beruf. Die Digitalisierung und der technologische Fortschritt spielen eine wichtige Rolle, da sie sich modernen Arbeitsmethoden und -tools gegenüber offen zeigen und eine flexible Arbeitsweise bevorzugen. Um diese Erwartungen zu erfüllen, musst Du als Führungskraft proaktiv sein und sicherstellen, dass Du Deinen Mitarbeitern die Möglichkeit gibst, sich weiterzuentwickeln und ihre Arbeit mit einem größeren Zweck zu verknüpfen.

Die heutige Generation von Verkäufern

In der heutigen Zeit haben sich die Anforderungen an Verkäufer stark verändert. Kunden sind besser informiert und haben höhere Ansprüche. Verkäufer müssen daher nicht nur verkaufen können, sondern auch ein Verständnis dafür haben, was der Kunde tatsächlich benötigt. „Der erste Schritt, um die Erwartungen des Kunden zu übertreffen, besteht darin, diese Erwartungen zu kennen", sagt der amerikanische Erfolgsautor Roy H. Williams. [81] Es wird erwartet, dass der Verkäufer sich viel mehr mit dem Kunden auseinandersetzt und dass sie eine moralische Grundhaltung an den Tag legen, anstatt den Kunden auszunutzen. Kein Verkäufer will heute noch der Oma eine 17. Versicherung aufschwatzen, wenn sie bereits 16 besitzt.

Werfen wir einen Blick zurück, welches Bild von Verkäufern beispielsweise in den 1960er Jahren vorherrschte. Sie wurden oft als hartnäckige, aufdringliche und skrupellose Personen betrachtet, die nur darauf aus waren, den Kunden schnellstmöglich etwas zu verkaufen. Typischerweise trugen sie Anzug und Krawatte und traten oft mit einer überzeugenden und manipulativen Verkaufstechnik auf. Der Fokus lag darauf, den Kunden davon zu überzeugen, ein bestimmtes Produkt oder eine Dienstleistung zu kaufen, unabhängig davon, ob es für den Kunden tatsächlich von Nutzen war oder nicht. Die Beziehung zum Kunden stand nicht im Vordergrund, sondern es ging primär um den Abschluss des Verkaufs.

Vor unserem inneren Auge sehen wir den typischen Tür-zu-Tür-Verkäufer, der oft als unangenehm empfunden wurde. Seit den 2000er Jahren wird von Verkäufern erwartet, dass sie sich stärker auf die Kundenbedürfnisse konzentrieren und ein höheres Maß an Service bieten. Der Verkauf soll nicht nur auf das Produkt beschränkt sein, sondern auch auf die Lösung von Kundenproblemen ausgerichtet sein. Verkaufen ist keine Einbahnstraße mehr, in der der Verkäufer sein Produkt loswerden möchte. Es handelt sich vielmehr um eine Dialogsituation. Verkäufer sollen in der Lage sein, die Wünsche der Kunden zu verstehen und durch maßgeschneiderte

Angebote zu erfüllen. Zudem wird erwartet, dass Verkäufer technologieaffin sind und sich mit den neuesten Entwicklungen auskennen, um Kunden auf dem neuesten Stand zu halten.

Der Verkauf soll nicht mehr auf die physische Interaktion zwischen Verkäufer und Kunde beschränkt sein, sondern auch über E-Commerce-Kanäle erfolgen können. Insgesamt liegt der Fokus seit einigen Jahrzehnten auf der Kundenbindung und der langfristigen Beziehung zu den Kunden. Insgesamt hat der Wandel zu einer höheren Wertschätzung des Berufsstands geführt. Verkäufer werden heute nicht mehr nur als einfache Verkäufer angesehen, sondern als Berater und Partner ihrer Kunden, die ihnen helfen, ihre Ziele zu erreichen und ihre Bedürfnisse zu erfüllen. Gleichzeitig führt dies natürlich zu einer zunehmenden Komplexität der Vertriebstätigkeit und deutlich gestiegenen Erwartungen des Kunden gegenüber dem Verkäufer. Der Kunde setzt voraus, dass der Verkäufer ein absoluter Experte ist und alle Fragen des Kunden im Detail beantworten kann.

Wie viel kostet es, was kann es und inwiefern ist es nachhaltig? Die Kunden von heute möchten Produkte, die nachhaltiger sind, elegant aussehen und noch dazu zu einem fairen Preis angeboten werden. Wenn ein Kunde ein Auto kauft, geht es nicht nur um PS und Sitzplätze, sondern auch um einen ganzen Katalog anderer Fragen, zum Beispiel welche Förderung er beim Kauf eines E-Autos vom Staat erhalten könnte. Der Spagat besteht für den Verkäufer auch darin, zu ergründen, welcher dieser Faktoren dem Kunden am wichtigsten ist und das Produkt zu finden, das alles in allem dessen Bedürfnisse am besten erfüllt. Dies erfordert mehr Rechercheeinsatz und Weiterbildung auf Seiten des Verkäufers, der sich auch mit Themen auseinandersetzen muss, die mit dem Verkaufen an sich früher nichts zu tun hatten.

Besondere Risiken für die neue Generation der Verkäufer

Es gibt auch Risiken in dieser neuen Rolle. Die Verkäufer müssen besser informiert sein als der Kunde, trotz der Flut an Informationen, die durch das Internet zur Verfügung stehen. Oft stellen Kunden umfangreiche Recherchen an, bevor sie ein Produkt kaufen oder eine Dienstleistung in Anspruch nehmen. Dabei stoßen sie nicht selten auf Falschinformationen, die ihre Entscheidungsfindung beeinflussen können. In solchen Fällen ist es Aufgabe des Verkäufers, den Kunden aufzuklären.

Das erfordert einerseits, dass der Verkäufer dieselben Recherchen wie der Kunde durchführt und sich überlegt, welche Fragen dieser im Netz recherchieren könnte. Andererseits verlangt es dem Verkäufer ein Gespür für Diplomatie ab, da er dem Kunden nicht unverblümt ins Gesicht sagen kann, wenn dieser einer Falschinformation im Netz aufsaß. Irrtümer müssen behutsam aus dem Weg geschafft und begründet werden, sodass sich der Kunde nicht als der Dumme fühlt. Letztendlich kommt es darauf an, dass der Kunde korrekt informiert ist und eine fundierte Entscheidung treffen kann.

Ein klassischer Fall von Falschinformationen, auf die Kunden im Internet stoßen können, sind gefälschte Bewertungen. Manche Verkäufer oder Hersteller nutzen Fake-Bewertungen, um ihr Produkt besser dastehen zu lassen, als es in Wirklichkeit ist. Das amerikanische Unternehmen Roca Labs, dessen Produkte Menschen das Abnehmen erleichtern sollen, wurde im Jahr 2015 von der Federal Trade Commission (FTC) beschuldigt, gefälschte Bewertungen veröffentlicht zu haben. Die FTC erklärte, dass Roca Labs Kunden mit Rabatten und kostenlosen Produkten belohnt hätte, wenn sie positive Bewertungen veröffentlichten, und dass das Unternehmen Kunden, die schlechte Bewertungen abgegeben hatten, mit Klagen gedroht hätte. Roca Labs musste eine Strafe von mehr als 25 Mio. US-Dollar zahlen und wurde dazu verpflichtet, gefälschte Bewertungen zu entfernen.[82]

Es ist ein ebenso unschöner wie beliebter Trend geworden, Bewertungen und Likes zu kaufen, sei es auf Google, Amazon oder Facebook/Instagram. Obwohl es verboten ist, geschieht es viel zu häufig. Wenn ein Kunde sich auf diese gefälschten Bewertungen verlässt, könnte er ein Produkt kaufen, das nicht seinen Erwartungen entspricht. In einem solchen Fall ist es Aufgabe des Verkäufers, den Kunden auf diese Falschinformationen hinzuweisen und ihm ehrlich zu sagen, was er von dem Produkt halten soll. Verkäufer der neuen Generation müssen ausgiebiger erklären können, warum ihr Preis gerechtfertigt ist und was der Kunde dafür bekommt. Sie müssen ihre Wettbewerber besser kennen und das Vertrauen des Kunden gewinnen. Dies ist jedoch nicht immer einfach. Ein Gespräch kann gut verlaufen und sich alle Beteiligten wohlfühlen, bis der Kunde auf einmal neue Informationen online findet und sich beschwert. Auch wenn das eigentliche Verkaufsgespräch hervorragend lief, kann es immer passieren, dass der Kunde im Nachgang seine Meinung komplett ändert, weil er im Internet neue Informationen herausfindet und diese womöglich falsch versteht. Transparenz ist wichtig und der Verkäufer sollte nicht im luftleeren Raum agieren, sondern sich auch auf mögliche Beschwerden vorbereiten.

Verkäufer sind heute mehr als jemals zuvor in der Position eines Vermittlers – sei es im Reisebüro oder bei der Beratung von Versicherungen. Sie sind damit zur zentralen Schnittstelle zwischen dem Kunden und dem unübersichtlichen Überangebot auf dem Markt geworden. Das billigste Angebot kann der Kunde sich heute auch selbst im Internet heraussuchen, aber die überwiegende Mehrheit der Konsumenten hat inzwischen erkannt, dass das billigste Angebot nicht immer das beste ist. Sie verlangen vielmehr nach Angeboten, die auf ihre Bedürfnisse zugeschnitten sind und das richtige Preis-Leistungs-Verhältnis besitzen. In dieser Suche ist der Verkäufer das zentrale Bindeglied zwischen Angebot und Kunde her. Er fragt nach, schätzt ein, filtert und präsentiert, um seiner Beratungsrolle gerecht zu werden. Diese Aufgabe kann einem Verkäufer auch keine KI und kein Algorithmus zukünftig abnehmen – sie kann zwar anhand von Schlüsselwörtern filtern und

Angebote präsentieren, aber es braucht menschliche Empathie seitens des Verkäufers, um sich in den Kunden hineinversetzen zu können, und Vertrauen seitens des Kunden, um sich überzeugen zu lassen. Von diesen beiden Eigenschaft – Empathie und Vertrauen – ist jede KI noch meilenweit entfernt. Das macht die Leistung heutiger Verkäufer so einzigartig.

Die neue Generation von Verkäufern anleiten und fördern

Die heutigen Verkäufer besitzen nicht selten einen Hochschulabschluss und sind sehr kritisch, wenn es darum geht, Informationen zu recherchieren und zu prüfen. Diese Verkäufer nehmen ihre verantwortungsvolle Rolle ernst und informieren sich genau wie die Kunden, um kritisch zu hinterfragen und zu wissen, wie sie Beschwerden vorbeugen können. Um die neue Generation der Verkäufer zu motivieren, reicht es nicht mehr aus, nur über die Provision zu sprechen. Vielmehr müssen Verkäufer über das Produkt und dessen Vor- und Nachteile informiert werden, damit sie vom Produkt begeistert sind. Der Geschäftsführer verkauft zunächst im indirekten Sinne das Produkt an seine Verkäufer, bevor die Verkäufer es an den Endkunden vertreiben. Eine umfassende Schulung und Einführung in das Unternehmen und seine Produkte ist daher unerlässlich.

Das beginnt beispielsweise mit dem Umgang mit Onlinebewertungen. Als Führungskraft solltest Du hierbei eine klare Haltung beziehen und Deinen Verkäufern vermitteln, dass das Vertrauen der Kunden nur durch ehrliche Bewertungen und Qualität gewonnen werden kann. So kommunizierst Du gegenüber Deinem Verkaufsteam, dass es darum geht, Kunden durch außergewöhnliche Produkte und Service zu überzeugen, sodass sie auch langfristig Deinem Unternehmen treu bleiben. Es ist auch wichtig, Karrieremöglichkeiten im Vertrieb zu schaffen, um den Erwartungen der neuen Generation zu entsprechen. Früher waren Verkäufer in der Regel ein Leben lang in derselben Position tätig. Man stieg als Autoverkäufer ein und arbeitete bis zur Rente als Verkäufer in einer ähnlichen Position. Heutzutage wollen Verkäufer jedoch in ihrer Karriere im Vertrieb aufsteigen und sich weiterentwickeln. Sie wollen womöglich nicht ihr gesamtes Arbeitsleben als Verkäufer verbringen, sondern streben eine Karriere als Führungskraft an. Daher steigt die Bedeutung von Weiterbildung und Qualifizierung im

Vertrieb. Die Notwendigkeit, Verkäufer kontinuierlich weiterzuentwickeln, ergibt sich auch daraus, dass Vertrieb heute ein hochkomplexes Thema ist. Produkte sind viel kleinteiliger und es geht um viele Details. Es ist daher notwendig, dass Verkäufer kontinuierlich weitergebildet werden, um sich den neuen Anforderungen des Vertriebs anzupassen.

Insgesamt ist es wichtig, dass Führungskräfte die Bedürfnisse und Erwartungen ihrer Verkäufer verstehen und ihnen die notwendigen Werkzeuge und Unterstützung zur Verfügung stellen, um erfolgreich zu sein. Eine gute Führungskraft identifiziert als seine Hauptaufgabe nicht, die Verkäufer anzutreiben und durch extrinsische Motivatoren wie Provisionen zu fördern. Als Führungskraft der neuen Generation fokussierst Du Dich vor allem darauf, die intrinsische Motivation Deiner Verkäufer zu fördern. Dadurch ermöglichst Du ihnen, ihr volles Potenzial als Verkäufer auszuschöpfen und als positiven Nebeneffekt das Unternehmen voranzubringen.

Wie entwickelst Du Deine Mitarbeiter?

Wie wir festgestellt haben, hat die heutige Generation an Verkäufern die Erwartung gegenüber Dir als Führungskraft, weiterentwickelt zu werden. Diese Erwartungen solltest Du ernst nehmen und als Teil des Deals betrachten, den Du mit Deinen Mitarbeitern eingehst. Eine erfolgreiche Personalentwicklung im Vertrieb erfordert eine klare Erwartungshaltung seitens des Managements sowie ein individuelles Entwicklungsprogramm für jeden Mitarbeiter.

Wenn ein neuer Verkäufer bei mir anfängt, sage ich ihm: „Ich werde aus Dir den besten Verkäufer machen, den Du kennst." Ich biete die Grundlage, das System und die Struktur, sodass er sich als Verkäufer entfalten kann, und erwarte im Gegenzug das entsprechende Engagement. Wenn er dieses Engagement bietet, stehen ihm alle Türen der Verkäuferdaseins offen. Für diese Entwicklung ist es jedoch unerlässlich, klare Erwartungen an sich als Verkäufer und an das Unternehmen zu bestimmen und zu kommunizieren. Verkäufer wollen sich in der Regel weiterentwickeln, um ihre Karriere voranzutreiben und ihre Quote und damit ihren Erlös zu verbessern.

Ihre klare Erwartungshaltung motiviert sie, sich auf ihre Entwicklung zu konzentrieren. Als Führungskraft solltest Du daher sicherstellen, dass Du Deinen Mitarbeitern die notwendigen Ressourcen zur Verfügung stellst, um ihre Fähigkeiten zu schärfen und ihr Wissen auszubauen. Das schließt beispielsweise Trainings, Zugang zu Netzwerken und den Besuch relevanter Veranstaltungen mit ein. Je nach Unternehmen kann das ganz unterschiedlich aussehen. Ein Marketingunternehmen kann seinen Mitarbeitern Zugang zu Netzwerken und Konferenzen in der Branche bieten, um ihnen die Möglichkeit zu geben, sich mit anderen Experten zu vernetzen und sich über die neuesten Marketingtrends und -strategien auszutauschen. Auch interne Workshops und Schulungen zu Themen wie Suchmaschinenoptimierung oder Social-Media-Marketing können hier hilfreich sein. Es ist wichtig, mit Deinen Mitarbeitern über ihre gemeinsamen Pläne zu sprechen und ihre konkreten Entwicklungsziele festzulegen. Entwicklung kann in vielen Bereichen stattfinden. Dabei geht es nicht nur um technische oder fachliche Fähigkeiten, sondern auch um die persönliche Entwicklung, die Verbesserung der Kommunikation oder die Stärkung von Führungskompetenzen. Wenn ein Mitarbeiter beispielsweise eine Führungsrolle im Unternehmen anstrebt, sollte das Management sicherstellen, dass er die notwendigen Schulungen und Ressourcen erhält, um sich auf diese Rolle vorzubereiten. Für die individuelle Förderung solltest Du zwar sowohl Stärken als auch Schwächen des Mitarbeiters berücksichtigen, Dich aber mehr auf den Ausbau der Stärken konzentrieren. Dort liegt das wahre Potenzial jeden Mitarbeiters. Ein Mitarbeiter, der beispielsweise bereits gute kommunikative Fähigkeiten besitzt, sollte in diesem Bereich weiter ausgebildet werden, um seine Fähigkeiten zu verbessern. Natürlich sollten trotzdem alle wichtigen Kompetenzen für das Verkaufen Standardniveau erreichen.

Du kannst Deine Mitarbeiter zur persönlichen Weiterentwicklung motivieren, indem Du ihnen vorlebst, was Du von ihnen erwartest. Wenn Du als Vorgesetzter selbst regelmäßig an Weiterbildungen und Schulungen teilnimmst und Dein Wissen und Können erweiterst, zeigt dies Deinen Mitarbeitern, wie wichtig Dir die persönliche Entwicklung ist und wie positiv sich dies auf den Job auswirkt. Außerdem vermittelst Du damit das Bewusstsein, dass Du selbst noch nicht am Ende Deiner persönlichen Entwicklung angekommen bist. Somit motivierst Du auch Deine Mitarbeiter, ständig an sich zu arbeiten. „Führungskräfte sind einflussreichere Vorbilder, wenn sie lernen, als wenn sie lehren", betont Harvard-Professorin Rosabeth Moss Kanter.[83] Sei selbst das beste Vorbild für Dich selbst und Deine Mitarbeiter.

Schaffe eine aktive Feedback-Kultur

Eine umfassende Feedback-Kultur stellt für mich einen weiteren entscheidenden Faktor zur Optimierung Deines Vertriebs dar. „Ich denke, es ist sehr wichtig, eine Feedbackschleife zu haben, in der man ständig darüber nachdenkt, was man getan hat und wie man es besser machen könnte. Ich denke, das ist der beste Ratschlag: ständig darüber nachzudenken, wie man es besser machen kann und sich selbst zu hinterfragen", hebt Elon Musk hervor. [84] Ich versuche jedes Jahr ein 360-Grad-Feedback zu meiner eigenen Person zu bekommen. Das bedeutet, dass ich meine Mitarbeiter und Kunden direkt frage, was sie an meiner Arbeit gut finden und was eher nicht.

Und was ich anders machen könnte. Denn nur so kann ich mein Verhalten und meine Arbeitsweise verbessern und somit auch meine Mitarbeiter motivieren und inspirieren, dasselbe zu tun. Ich glaube, dass Optimierung nur geschieht, wenn Menschen das zugrundeliegende Problem erkennen. Dafür musst Du bereit sein, die Umstände zu benennen. Bleiben die Probleme und Tatsachen unangesprochen, verschließen wir die Augen vor der Realität. Wir bleiben, wie wir sind. Im Guten, aber noch mehr im Schlechten. Wir verändern unser Leben in der Regel nur, wenn ein Einschlag stattfindet. Raucher werfen die Kippen in den Müll, wenn jemand in ihrem Umfeld an Lungenkrebs stirbt. Feierlustige hören auf, übermäßig Alkohol zu konsumieren, wenn im Rausch etwas schiefgelaufen ist, was sich nicht mehr geraderücken lässt.

Mir ist mein Wachstum zu wichtig, als dass ich es auf den letzten Drücker angehen wollte. Ich möchte Veränderungen implementieren, bevor die Situation so schlecht ist, dass radikale Anpassungen nötig sind. Wenn Du Dein Auto regelmäßig warten lässt, kleine Reparaturen durchgeführt und Teile austauschst, bevor sie kaputt gehen, bleibt es langfristig in gutem Zustand und Du kannst größere Reparaturen vermeiden. Wenn Du aber wartest, bis der Karosserieboden vollständig durchgerostet ist, musst Du Dir wahrscheinlich einen neuen Wagen suchen. In ähnlicher Weise sollten auch Unternehmen auf eine regelmäßige Optimierung ihrer Prozesse und Strukturen achten, um größere Probleme und Anpassungen zu vermeiden. Es ist Teil Deiner Führungsaufgabe, regelmäßig Feedbacksituationen zu schaffen, um die wahre Natur der Dinge möglichst frühzeitig zum Vorschein zu bringen. Du solltest Dir immer Zeit für Deine Vertriebsmitarbeiter nehmen, um ihre Leistungen einzuschätzen und gezieltes Feedback zu geben, wo Verbesserungen erforderlich sind.

Durch regelmäßige Feedbackgespräche können Deine Mitarbeiter ihre Fähigkeiten kontinuierlich verbessern und wachsen. In diesen Gesprächen kannst Du nicht nur Feedback geben, sondern auch erfahren, was Deine Mitarbeiter benötigen, um sich weiterzuentwickeln. So kann beispielsweise der Wunsch nach einer bestimmten Schulung oder Fortbildung geäußert werden. Neue Entwicklungen und Trends solltest Du immer im Auge behalten, ebenso wie neue Technologien, die Deinem Vertriebsteam helfen können, Teile ihrer Arbeit zu automatisieren und sich auf Aufgaben zu konzentrieren, die nur der Mitarbeiter selbst ausführen kann.

Durch regelmäßiges Nachfragen animierst Du Deine Mitarbeiter, diese Trends selbst zu verfolgen und eigene Weiterbildungsvorschläge einzubringen. Durch diese regelmäßigen Gespräche zeigst Du Deinen Mitarbeitern, dass Du Dich um ihre persönliche Entwicklung bemühst und sie unterstützt. Regelmäßige Leistungsbeurteilungen und Feedbackgespräche tragen dazu bei, dass die Mitarbeiter ihre Entwicklungsfortschritte im Blick behalten und motiviert bleiben. Weitere Methoden, um Feedback zu bekommen, sind Testkäufe, Trainings und Befragungen.

Du musst also nicht warten, bis der Einschlag passiert – ein Testkauf offenbart oftmals Probleme, die in realen Kundengesprächen zu wirklichen Nachteilen geführt hätten. Das mag unpopulär sein und meine Mitarbeiter können mich danach auch mal nicht ausstehen, weil ich sie mit der Nase auf ein Problem gestoßen habe. Aber ich bin bereit, diesen Preis zu zahlen.

Als Führungskraft habe ich gelernt, auch unbeliebte Entscheidungen zu treffen, wenn ich davon überzeugt bin, dass sie langfristig zum Wohle des Unternehmens und der Mitarbeiter sind. Diese Entscheidungen können kurzfristig zu Widerstand und Unmut im Team führen, aber langfristig gesehen sind sie oft zielführend.

Fordere Deine Verkäufer heraus

Durch regelmäßige kleine Herausforderungen erhält und steigert ein Mitarbeiter seine verkäuferische Fitness. Ähnlich wie bei einem Sportler, der durch regelmäßiges Training bestimmte Bewegungsabläufe automatisiert, können Mitarbeiter durch regelmäßiges Training mit kleinen Herausforderungen bestimmte Fertigkeiten und Abläufe in ihrem Beruf automatisieren. Dadurch sind sie schneller und effizienter in der Lage, schwierige Aufgaben zu lösen und können auch unter Stress situationsgerecht handeln. Gleichzeitig tasten sie sich durch regelmäßiges Üben an größere Aufgaben heran. Die kontinuierlichen Herausforderungen im Vertriebstraining helfen den Mitarbeitern, ihre Komfortzone zu verlassen.

Um meine Vertriebsmitarbeiter aus ihrer Komfortzone zu locken, liebe ich es, Mutproben zu machen, frei nach Eleanor Roosevelt: „Tue jeden Tag eine Sache, die Dir Angst macht."[85] Herausforderungen und neue Situationen ermöglichen es meinen Verkäufern, ihre Fähigkeiten und ihr Potenzial zu entfalten und zu zeigen, was wirklich in ihnen steckt. Diese Mutproben können beispielsweise das Übernehmen eines neuen Kunden, die Präsentation eines neuen Produkts oder die Bewältigung schwieriger Verhandlungen sein.

Das Gleiche kannst Du auch mit regelmäßigen gezielten Resilienztrainings erreichen. Resilienz ist ein Begriff, der in vielen Bereichen des Lebens eine Rolle spielt. Im Allgemeinen beschreibt er die Fähigkeit, schwierige Situationen und Herausforderungen zu meistern und gestärkt daraus hervorzugehen. Schon Winston Churchill sagte: „Erfolg ist nicht endgültig, Misserfolg ist nicht tödlich; es ist der Mut, weiterzumachen, der zählt."[86] Resiliente Menschen sind in der Lage, auch in schwierigen Zeiten eine positive Einstellung und Handlungsfähigkeit aufrechtzuerhalten. Im Vertriebskontext bedeutet Resilienz, dass Verkäufer in der Lage sind, auch mit Ablehnung und Misserfolgen umzugehen und sich schnell auf neue Situationen einzustellen. Durch eine hohe Resilienz sind Verkäufer besser in der Lage, in stressigen Momenten ihre Leistung aufrechtzuerhalten und auch in schwierigen Verkaufssituationen erfolgreich zu sein. Resilienz ist daher eine wichtige Fähigkeit, um im Vertrieb erfolgreich zu sein. Du wirst sehen, im Laufe der Zeit werden Deine Mitarbeiter durch Resilienztrainings mehr Selbstsicherheit an den Tag legen, bessere Ergebnisse liefern und zufriedener mit ihrer Tätigkeit sein. Vertrieb ist eine dynamische Tätigkeit, die nie vorhersehbar ist. Es erfordert eine schnelle Anpassung an Veränderungen, sei es im Markt, bei Kundenbedürfnissen oder angesichts der Konkurrenz. Kunden suchen stets nach innovativen Lösungen und Unternehmen, deren Vertriebsteam sich schnell anpassen kann, haben im Wettbewerb die Nase vorn.

Fördere die richtigen Mitarbeiter

Als Führungskraft oder Geschäftsführer steht auch Dein Leben niemals still und Dein Alltag ist sicherlich nie langweilig. Wahrscheinlich musst Du Deine Aufmerksamkeit und Konzentration permanent aufteilen, um allen Anforderungen gerecht zu werden. Deine Ressourcen sind ganz offensichtlich begrenzt, daher kannst Du nicht mit allen Mitarbeiter gleichzeitig befassen. Auf wen sollst Du Dich nun fokussieren? Deine Bemühungen im Bereich Personalentwicklung sollten nicht darauf abzielen, ausschließlich schlechte oder unmotivierte Mitarbeiter zu verbessern.

Vielmehr solltest Du Dich auf die motivierten soliden Mitarbeiter konzentrieren und sie zu hervorragenden Mitarbeitern ausbilden. Damit sendest Du auch an Signal an Deine Mitarbeiter: Strenge Dich an und Du wirst gefördert. Manche Führungskräfte arbeiten sich an den schwierigen Kandidaten ab und demotivieren so die besten Arbeitskräfte. Die meisten Mitarbeiter, die sehen, dass ihre schlechteren Kollegen gefördert werden, fangen an, sich etwas zurückzuhalten und ihre Leistung herunterzufahren. Wozu sollte sich ein Mitarbeiter noch anstrengen, wenn er ohnehin weit über dem Durchschnitt liegt? Langfristig wandern die talentiertesten Verkäufer ab, wenn sie bemerken, dass ihre Leistung nicht mit entsprechender Förderung und Weiterentwicklung gewürdigt wird.

Was machst Du mit kontinuierlich unterdurchschnittlich performenden Mitarbeitern? Natürlich solltest Du jemanden nicht einfach feuern. Aber Du solltest es ansprechen, wenn jemand im falschen Job oder in der falschen Firma ist. Die meisten Menschen spüren, wenn sie in einem Job oder Unternehmen nicht glücklich sind oder ihre Fähigkeiten nicht voll ausschöpfen können. Es wird für denjenigen also nicht völlig überraschend sein, wenn Du das ansprichst. Wenn Du jemanden weiter beschäftigst, der nicht so viel beiträgt, wie es die Vision der Firma erfordert, handelst Du verantwortungslos gegenüber der Firma und ihren Beschäftigten. Ein Mitarbeiter, der im Job nicht erfolgreich ist, wird meist von den Kollegen als Belastung empfunden. Diese Person zieht die anderen Mitarbeiter herunter und verlangsamt den Fortschritt der gesamten Firma. Gleichzeitig wird diese Person nicht glücklich werden, denn sie kann sich nicht frei entfalten. Vergeude keine Zeit damit, einen externen Berater zu beauftragen, um zu erkennen, wer am wenigsten leistet. Denn in der Regel wissen alle, wer das Team verlangsamt, nur traut sich keiner, es dem Mitarbeiter ins Gesicht zu sagen. Es ist sicherlich nicht einfach, einen Mitarbeiter zu entlassen. Doch es gibt Wege, um das Gespräch zu suchen und mögliche Lösungen zu finden. Wenn Du als Führungskraft das Gefühl hast, dass die Zusammenarbeit mit einem Mitarbeiter nicht mehr produktiv ist, kannst Du das respektvoll und verantwortungsbewusst ansprechen. Du kannst beispielsweise sagen: „Wir möchten gemeinsam mit Dir an unserer Vision und den Zielen arbeiten, aber wir haben Bedenken, ob wir gemeinsam erfolgreich sein können. Wir glauben, dass Du Dich woanders besser entfalten und entwickeln könntest."

Wichtig ist dabei, auch mögliche Optionen wie eine Umpositionierung innerhalb des Unternehmens oder eine Unterstützung bei der Suche nach einem passenderen Job zu erwähnen, im Rahmen der vorhandenen Ressourcen. Wenn Du Dich von den Mitarbeitern getrennt hast, die nicht in Dein Vertriebsteam passen, stellt sich natürlich als Nächstes die Frage, wie Du an wirkliche Verkaufstalente kommst, um die Lücken nicht nur zu füllen, sondern Dein Team auf ein neues Level zu heben. Ohne die besten Verkaufstalente ist Dein Unternehmen wie ein Sportteam ohne Top-Spieler. Es wird nicht in der Lage sein, gegen die besten Konkurrenten anzutreten und wird es schwer haben, Spiele zu gewinnen. Als Unternehmer oder Führungskraft weißt Du, dass es für den Erfolg Deines Unternehmens unerlässlich ist, die besten Verkäufer zu haben. Du willst die Cristiano Ronaldos, Robert Lewandowskis und Lionel Messis in Dein Team holen. Die Frage ist, wie sprichst Du diese Mitarbeiter an und überzeugst sie, sodass sie sich für Dein Unternehmen entscheiden? Ich bin der Meinung, dass Personalentwicklung bereits Teil des Einstellungsprozesses sein muss.

Personalentwicklung fängt bei der Einstellung an

In vielen Einstellungsgesprächen wird vor allem über Einkommen, Verantwortungsbereiche und Urlaubstage gesprochen, aber nicht darüber, wie das Unternehmen den Mitarbeiter langfristig fördern kann. Was das Unternehmen mit diesem Mitarbeiter beabsichtigt und was es ihm bieten kann. Welches Potenzial das Unternehmen in dem Mitarbeiter sieht. Ich glaube, dass das Thema Personalentwicklung bereits im ersten Gespräch angesprochen werden sollte. Leider nimmt der Personalentwickler nicht einmal am Vorstellungsgespräch teil. Dabei ist es wichtig, die Erwartungshaltung des Mitarbeiters von Anfang an einzufangen.

Nur so kann das Unternehmen sicherstellen, dass es langfristig die besten Talente im Team hat. Klare Entwicklungsstufen spielen für solche Mitarbeiter eine wichtige Rolle. Deshalb sage ich jedem meiner Mitarbeiter, wann ich ihn auf welcher Stufe sehe. Ich gebe klare Zeiträume vor, zum Beispiel „Du wirst in zwei Jahren Leiter sein" oder „Du wirst in einem Jahr Leiter sein", aber ich weise auch darauf hin, dass es auch später werden kann, nur nicht früher. Das mache ich auch, um Enttäuschungen vorzubeugen. Es geht darum, niemanden vor seiner Zeit zu befördern, auch wenn er droht, das Unternehmen zu verlassen. Denn es geht auch um Verantwortung: Wenn jemand zu früh in eine Position befördert wird, ist er vielleicht der Herausforderung nicht gewachsen.

Einer meiner Geschäftskontakte erzählte mir einmal, dass er üblicherweise vier potenzielle Manager einstellt, aber nur einer schafft es letzten Endes, die Managerrolle tatsächlich auszufüllen. Ich denke, dass die Quote auch auf Verkäufer zutrifft. Bei einfachen Jobs ist es relativ leicht zu beurteilen, ob jemand für die Stelle geeignet ist oder nicht. Wenn jemand Staubsauger zusammenschraubt, geht es vor allem darum, ob er genau genug arbeitet und jeden Morgen pünktlich zur Arbeit erscheint. Aber bei Verkäufern geht es auch darum, ob der Mitarbeiter gut ins Team passt und wie er bei den Kunden ankommt. Jede Einstellung ist eine Wette. Eine Wette darauf, ob ich als Unternehmer den neuen Mitarbeiter gut ins Unternehmen einfügen kann und darauf, ob es dem Mitarbeiter gelingt, sich gut ins Gesamtbild einzufügen. Deshalb ist es wichtig, dass ich mich bereits im Einstellungsgespräch mit der Personalentwicklung beschäftige, um sicherzustellen, dass ich langfristig die besten Talente im Team habe.

Daher biete ich Schulungsseminare und Zertifizierungen direkt bei der Einstellung an, um potenziellen Mitarbeitern etwas Handfestes zu geben. Ich möchte, dass sie das Unternehmen jeden Tag verlassen könnten, aber auch dass sie bleiben wollen, weil sie sich hier selbst verwirklichen können und wir ihnen mehr bieten als die Konkurrenz. Ich möchte meine Mitarbeiter stärker machen, als sie ohnehin schon sind. Weil das langfristig das Unternehmen stärker macht. Und weil es den Mitarbeitern weniger Anreize gibt, mein Unternehmen zu verlassen. Sie haben es schwer, woanders noch bessere Konditionen zu finden. Doch selbst wenn – der Verlust eines gut ausgebildeten Mitarbeiters ist nichts im Vergleich zu dem Risiko, dass ich nicht das volle Potenzial meiner Mitarbeiter ausschöpfe, weil ich sie nicht fördere. „Das Einzige, was schlimmer ist, als Mitarbeiter auszubilden und sie zu verlieren, ist, sie nicht auszubilden und sie zu behalten", sagte schon der amerikanische Verkäufer und Autor Zig Ziglar.[87]

Entwicklung ist also ein integraler Bestandteil des Lohns und muss von Anfang an transparent gemacht werden, genau wie der Lohn selbst. Du sagst ja auch nicht: Fange erst einmal bei mir an und nach vier Wochen schauen wir, welches Gehalt zu Deinem Arbeitseinsatz passt. Der Lohn wird von Anfang an festgelegt. Bei Personalentwicklung sagen dagegen viele Unternehmen: Jetzt fängst Du erst einmal an und dann schauen wir mal, was in Dir stecken könnte. Das nächste Gespräch findet frühestens nach Ende der Probezeit statt, aber meist noch nicht mal dann. Ich handhabe das anders. Ich finde es wichtig, dem zukünftigen Mitarbeiter vom ersten Tag zu sagen, welches Entwicklungspotenzial Du in ihm siehst. Warum Du ihn überhaupt einstellst. Nur wenn Du diese Transparenz und tatsächliche Entwicklungs-möglichkeiten bietest, kannst Du klare Erwartungen an einen zukünftigen Mitarbeiter stellen. Nur auf diese Weise kannst Du die Bedingungen festlegen, die Dein Mitarbeiter erfüllen muss, um Teil des Vertriebsteams sein zu können. So kannst Du auf Augenhöhe Beziehungen entwickeln und ein starkes Team aufbauen. Ich will, dass meine Mitarbeiter in meinem Unternehmen bleiben, weil sie hier eine Zukunft für sich sehen und nicht aus Angst vor finanziellen Einbußen. Genau das ist meiner Meinung nach auch der einzige Weg, mit Mitarbeitern Beziehungen auf Augenhöhe zu entwickeln. Wenn ich sie besser bezahle als die Konkurrenz. Wenn ich sie mehr fördere als die Mitbewerber. Wenn sie bei mir etwas mitgestalten und sich selbst verwirklichen können. Und genau wissen, worauf sie hinarbeiten, denn klare Zielvorgaben sind für mich das Fundament jeglicher Personalentwicklung.

Die Bedeutung von klaren Zielen in der Personalentwicklung

Gut gesetzte Ziele sind Orientierungen fürs Leben wie für das Business. In den meisten Bereichen steht das völlig außer Zweifel. Als Unternehmer weißt du, wie viele Einheiten Du pro Jahr verkaufen musst, damit Dein Geschäft rentabel ist und Du Deine Mitarbeiter bezahlen kannst. Als Familienvater weißt du, wie viel Geld Du verdienen solltest, um Deine Familie zu versorgen. In der Personalentwicklung jedoch wird noch zu selten mit konkreten Zielen gearbeitet. Dabei sind sie im Interesse des Mitarbeiters und des Unternehmens.

Manche sagen, Vertriebsziele wären „unethisch", dabei können sie eine wichtige Motivation für das Vertriebsteam darstellen, um die gewünschten Ergebnisse zu erzielen. Schaffen wir etwa die Fußballbundesliga ab, weil es eine Tabelle gibt? Wenn wir jede Möglichkeit des Vergleichs abschaffen, bricht dies die Leistungskultur und zieht das Leistungsniveau herunter. Wenn Du mit Deinem Unternehmen außerordentliche Leistungen erreichen möchtest, brauchst Du eine entsprechende Kultur. Der österreichisch-amerikanische Berater und Autor Peter Drucker prägte den Ausdruck „Kultur frisst die Strategie zum Frühstück".[88] Anders gesagt, um ein leistungsstarkes Unternehmen zu erschaffen, hilft Dir keine noch so schön ausgedachte Strategie – Du brauchst vor allem eine leistungsorientierte Unternehmenskultur.

Wenn Du Verkaufsziele aufgibst, förderst Du eine Kultur der Durchschnittlichkeit, in der kein Ansporn mehr besteht, sich anzustrengen und höhere Leistungen zu erbringen. Umgekehrt kann es zu Stress und Demotivation führen, wenn Du die Verkaufsziele zu hoch ansetzt. Achte also stets auf umsetzbare Ziele. Das Setzen von Verkaufszielen schafft eine Art „Takt" im Verkaufsprozess, der dafür sorgt, dass das Verkaufsteam in einem bestimmten Tempo arbeitet. Wenn die Ziele zu einfach sind, fehlt die Herausforderung und es entsteht eine monotone Routine, die Langeweile und Desinteresse begünstigt. Zu hohe Ziele überfordern das Verkaufsteam und sie verlieren den Takt, was zu schlechteren Ergebnissen führt. Es kommt folglich auf die Balance zwischen Herausforderung und Leistungsfähigkeit an.

Eine faire Entlohnung erfolgt in einer Leistungskultur leistungsorientiert. Es ist nicht gerecht, dass jemand, der weniger Anstrengung und Arbeit investiert, das gleiche Gehalt bezieht wie ein Mitarbeiter, der hart arbeitet und bessere Ergebnisse erzielt. Wenn wir die Entlohnung von Top-Leistungsträgern auf ein bestimmtes Einkommensniveau deckeln, besteht die Gefahr, dass die wahren Performer abwandern. Nämlich zu Firmen, wo es Anreize gibt und herausragende Leistungen belohnt werden.

Wenn wir Vertriebsmitarbeitern keinen Anreiz bieten, ihre Leistung zu steigern, erhalten wir Vertriebsabteilungen, in denen niemand mehr wirklich arbeitet. Wenn es nicht gefördert wird, mehr zu leisten und sich weiterzuentwickeln, macht das natürlich auch niemand. Wenn wir in unserem Unternehmen eine Kultur der hohen Leistung etablieren, können wir den Mitarbeitern ein Umfeld bieten, in dem sie ihre Fähigkeiten voll ausschöpfen und ihr Potenzial entfalten können. Es ist wichtig, ethische und faire Praktiken im Verkauf zu fördern, aber gleichzeitig auch eine Kultur der hohen Leistung aufrechtzuerhalten, die Deine Mitarbeiter motiviert und herausfordert, ihr Bestes zu geben. Welche Grundvoraussetzungen Verkäufer mitbringen oder entwickeln müssen, um eine solche Leistungskultur entstehen zu lassen, schauen wir uns in den folgenden Kapiteln an.

MARCO BECKBISSINGER

VORSTANDSMITGLIED VR BANK HEILBRONN
SCHWÄBISCH HALL EG

Die Rolle von Führung (im Vertrieb) war, ist
und bleibt weiterhin sehr bedeutend. Eine gute
Führungskraft ist Sparringspartner, Ratgeber
und Vorbild zu gleich.

Marco Beckbissinger, Vorstandsmitglied der VR Bank Heilbronn Schwäbisch Hall eG, betont die entscheidende Rolle von Führung im Vertrieb. Eine gute Führungskraft sollte Sparringspartner, Ratgeber und Vorbild zugleich sein, um Vertriebsteams dabei zu unterstützen, Geschäftsstrategien und Ziele umzusetzen und zu erreichen.

Aus Beckbissingers Sicht ist es wichtig, Kompetenzen und Vertrauen großzügig an die Vertriebsmitarbeitenden zu übertragen. Dennoch gibt es Situationen, in denen Führungskräfte entschlossen handeln müssen, um Klarheit und Orientierung zu schaffen. Zielgerichtete Entscheidungen, die schnell getroffen werden, sind für den Vertrieb von entscheidender Bedeutung. So kann ein gutes Team erst durch eine engagierte Führungskraft zu einem herausragenden Vertriebsteam entwickelt werden. Dazu bedarf es einer starken Vertriebsaffinität und des unbändigen Willens, ständige Verbesserungen voranzutreiben. Eine effektive Führungskraft schafft es, den Erfolg kontinuierlich zu steigern und ihre Mitarbeitenden zu motivieren.

Lobkultur, Begeisterungsfähigkeit und Empathie sind grundlegende Eigenschaften einer erfolgreichen Führungskraft. Durch gezieltes Lob und konstruktives Feedback kann sie ihre Mitarbeitenden weiterentwickeln. Gemeinsam sollten Führungskraft und Mitarbeitender passende Coaching- und Fortbildungsmaßnahmen entwickeln, um Commitments klar zu überwachen, durch- und nachzuhalten. So stellen ein gezielter Ausbau von Stärken und die gemeinsame konsequente Arbeit an den Entwicklungsfeldern wichtige Stützen für eine erfolgreiche Weiterentwicklung der Mitarbeitenden dar.

Schließlich liegt es in der Verantwortung der Führungskraft, die notwendigen Rahmenbedingungen zu schaffen, damit sich Vertriebsmitarbeitende voll und ganz auf ihre Kunden konzentrieren können. Führungskräfte, die den Vertrieb ernst nehmen, werden entsprechend respektiert und können erfolgreich agieren. Es ist daher unerlässlich, die richtigen Führungskräfte auszuwählen und einzusetzen – auch das ist Chefsache im Vertrieb.

13
Die Wertebasis eines guten Verkäufers

Im Verkauf geht es nicht nur darum, Produkte oder Dienstleistungen an den Mann oder die Frau zu bringen. Vielmehr ist es eine Kunst, Vertrauen aufzubauen, den Bedarf des Kunden zu erkennen und eine Lösung anzubieten, die wirklich passt. Dafür braucht es nicht nur fachliches Wissen und Verkaufstechniken, sondern auch eine solide Wertebasis. Verkäufer, die in sich ruhen, haben einen klaren Kompass und wissen, was sie verkaufen möchten – und was nicht. Nur so können sie authentisch und glaubwürdig agieren.

Während manche Verkäufer einfach nur jedem alles verkaufen möchten, haben Verkäufer mit einer stabilen Wertebasis höhere Empfehlungsquoten und sind langfristig erfolgreicher. Ähnlich einem Leuchtturm verleihen seine Werte und Prinzipien einem Verkäufer eine klare Orientierung besitzen und strahlen das nach außen aus. Dadurch bauen sie Vertrauen und Glaubwürdigkeit auf. Als Führungskraft ist es wichtig, eine gute Wertebasis bei Deinen Verkäufern zu fördern. Das bedeutet nicht nur, über Werte zu sprechen, sondern sie auch zu leben. Es ist kontraproduktiv, den Verkäufern zu predigen, wie wichtig Kundenrespekt und Ehrlichkeit sind, und dann selbst unehrlich zu sein und den Kunden oder Verkäufer nicht zu respektieren. Ich habe leider oft erlebt, dass eine Führungskraft den Mitarbeitern Vorträge darüber hält, wie sehr der Kunde im Mittelpunkt steht, nur um dann in der abendlichen Runde respektlos über den Kunden herzuziehen. Ein solches Verhalten erzeugt eine Doppelmoral und untergräbt das Vertrauen der Verkäufer in die Führungsebene. Wenn die Führungskraft selbst nicht bereit ist, die Werte zu leben, die sie von ihren Verkäufern verlangt, wie können sie dann erwarten, dass ihre Verkäufer diese Werte aufrechterhalten?

Wenn jemand im Unternehmen betrügt, liegt das bis auf wenige Ausnahmen daran, dass er keine Verbindung mehr zum Unternehmen spürt oder dass er das Gefühl hat, dass ihm ein solches Verhalten von der Geschäftsführung vorgelebt wird. In solchen Fällen kann der Verlust der Werte und Ethik eines Verkäufers schleichend voranschreiten und mit der Unternehmenskultur zusammenhängen. Es ist wichtig, dass Du auf der Führungsebene sicherstellst, dass keine schleichende Entfremdung stattfindet.

Wie Du eine gute Wertebasis für Deine Verkäufer aufbaust

Wie gut ein Verkäufer seiner Aufgabe nachkommt und wie viele Abschlüsse er erzielen kann, hängt maßgeblich davon ab, wie sehr er an das Produkt, das Unternehmen und vor allem die Werte dahinter glaubt. Indem Deine Produkte den Kunden einen echten Mehrwert liefern, baust Du eine Wertebasis für Deine Verkäufer auf. Steht Deine Firma für hohe Qualität und zuverlässige Lieferung, können sich auch Deine Verkäufer damit identifizieren und dafür einstehen.

Wenn Deine Verkäufer erkennen, dass Dein Unternehmen Wert auf die Bedürfnisse und Zufriedenheit der Kunden legt, werden sie sich auch eher an diese Werte halten und die Kunden mit Respekt behandeln. Geht es jedoch nur um den reinen Verkauf und weder um den Kunden noch um einen Mehrwert, wird sich diese gleichgültige Haltung auch bei Deinen Verkäufern etablieren. Durch Deine Unternehmenswerte bestimmst Du, wofür sie stehen. Durch Dein Verhalten beweist Du, ob Du es ernst meinst und sie Dir vertrauen können. Nur dann werden sie vollen Einsatz zeigen. Wenn Du Deinen Verkäufern jedoch keine Unterstützung bietest, wenn es schwierig wird, fühlen sie sich diese schnell allein gelassen und werden nicht dazu motiviert, sich an die Werte des Unternehmens zu halten.

Denk einmal an die verschiedenen Ansätze, wie Unternehmen mit freien Mitarbeitern während der Corona-Pandemie umgegangen sind. Manche Unternehmen ließen sie während der Krise allein und boten keine Unterstützung, um die Krise zu überstehen. Nachdem die Corona-Krise vorüber ist, wem werden die Freelancer, die sich durchgeschlagen haben, nun ihre Arbeitskraft anbieten? Natürlich eher den Unternehmen, die ihnen in schwierigen Zeiten zur Seite gestanden haben. Umgekehrt suchen nun die Unternehmen, die während der Corona-Pandemie massenweise ihre Mitarbeiter oder Zulieferer im Regen stehen ließen, händeringend nach neuen Arbeitskräften. Wenn Du als Geschäftsleitung, wenn es eng wird, Abstand nimmst, kommst Du aus dieser Distanz nicht mehr zurück. Als Führungskraft solltest Du sicherstellen, dass sich der Vertrieb dem Unternehmen nahe und verpflichtet fühlt, gemäß den Unternehmenswerten zu handeln.

Auch die Fluktuation von Verkäufern hängt mit den Werten, die sie erfahren oder eben vermissen, zusammen. Verkäufer kommen und gehen, obwohl das Provisionsmodell innerhalb der Branche überall ähnlich ist. Manche sagen, das sind Vertriebsnomaden, die machen das einfach so in diesem Berufsfeld. Andere Vorstände sagen: Vertriebler sind undankbar und wollen einfach nur ihr Einkommen steigern. Ich sage: Das Problem liegt tiefer. Diese Verkäufer wechseln, weil sie nicht daran glauben, dass die Firma die Zukunft gestaltet. Ein befreundeter Vorstandsvorsitzender meinte zu mir: Wenn Verkäufer solche Unternehmen verlassen, ist das ein Frühwarnsignal.

Verkäufer in Unternehmen, die keine klare Zukunftsvision haben, sind wie Kanarienvögel in einem Minenschacht. – Im Bergbau wurden Kanarienvögel früher in Minenschächten gehalten, um die Luftqualität zu überwachen. Wenn die Vögel aufhörten zu singen oder gar tot umfielen, war dies ein Warnsignal für die Minenarbeiter, dass die Luftqualität gefährlich war und sie schnell handeln mussten, um sich und ihre Kollegen zu retten. Verkäufer in einem Unternehmen ohne klare Zukunftsvision nehmen eine ähnliche Rolle ein: Wenn Verkäufer spüren, dass es keine klare Richtung oder Strategie gibt, die das Unternehmen vorantreibt, werden sie unruhig und verlassen das Unternehmen. Sie halten sich nicht lange auf bei Unternehmen ohne Werten, denn das Unternehmen liefert ihnen keinen überzeugenden Grund, zu bleiben.

Es ist wichtig, dass Führungskräfte eine Vision für die Zukunft haben und diese auch kommunizieren. Wenn die Verkäufer das Gefühl haben, dass sie Teil von etwas Großem sind und dass ihre Arbeit einen Beitrag zum Unternehmenserfolg leistet, der einen Mehrwert stiftet, werden sie sich auch langfristig an das Unternehmen binden.

MARK SCHOBER

VORSTANDSVORSITZENDER DEUTSCHER HANDBALLBUND E.V.

„Als unsere größten Erfolge sehe ich den Zuschlag für die Ausrichtung der Handball-Europameisterschaft in Deutschland, der EHF Euro 2024. Dies war kein Erfolg im Sportsponsoring-Vertrieb, sondern in der Welt des internationalen Handballs. Auch hier war harte und faire Vertriebsarbeit in ganz Europa erforderlich.“

Mark Schober, Vorstandsvorsitzender des Deutschen Handball-bundes e. V. (DHB), hat durch die konsequente Trennung von Marketing und Vertrieb, den Umsatz des Verbandes in den letzten 8 Jahren verdreifacht. Fast 60% entstehen durch Sponsoring-produkte, die von einem Team unter der Leitung des Partners Sportfive vertrieben werden. Schober betont, dass diese Partnerschaft nicht einfach ein Buy-out ist, sondern eine vom DHB gesteuerte Zusammenarbeit, die von einem zusätzlichen Team unterstützt wird, das für die Umsetzung von Sponsorings und das Key-Accounting zuständig ist.

Schober sieht die Entwicklung des Vertriebs in den letzten zehn Jahren durch folgende Schlüsselbegriffe geprägt: konsequente Kundenorientierung, Betreuung und Bindung, sowie Fairness und Authentizität. Er betont, dass das Sportsponsoring heute mehr als nur finanzielle Unterstützung erfordert und dass die Bindung von Kunden kostengünstiger und wichtiger ist als die Neukundengewinnung.

Für Schober ist Führung, basierend auf Vertrauen und Flexibilität, in allen Unternehmensbereichen, einschließlich des Vertriebs, unerlässlich. Er rät Führungskräften im Vertrieb deshalb, auf Zuverlässigkeit, Verständnis für die Bedürfnisse des Kunden oder der Kundin, Offenheit, Mut und Fleiß zu setzen.

Als seinen größten Erfolg sieht Schober den Zuschlag für die Ausrichtung der Handball-Europameisterschaft in Deutschland, der EHF Euro 2024 an, für den harte und faire Vertriebsarbeit in ganz Europa notwendig war. Er betont, dass im Sportbereich und insbesondere beim DHB, Partnerschaften an erster Stelle stehen und dass dies für beide Seiten gilt.

14
Das Mindset eines guten Verkäufers

Es kann zuweilen eine Herausforderung darstellen, positiv auf die Welt zu blicken und an eine leuchtende Zukunft zu glauben. Doch genau das braucht ein guter Verkäufer, um erfolgreich zu sein. Er benötigt eine innere Ruhe und ein gesundes Selbstwertgefühl, um auch in schwierigen Marktphasen durchzuhalten und das Beste aus der Situation zu machen. Ein selbstbewusster, in sich ruhender Verkäufer ist wie ein Segler auf dem Meer. Auch wenn die Wellen hoch und die Winde stark sind, behält er seine Ruhe und navigiert sicher durch die Herausforderungen, beispielsweise wenn die Nachfrage aufgrund von Krisen schwankt oder ein Kunde sich als besonders fordernd herausstellt.

Wie der Segler, der sich auf seine Fähigkeiten verlässt, um durch schwere See zu navigieren, vertraut auch der erfolgreiche Verkäufer auf seine Kompetenz und sein Können, um die Herausforderungen des Marktes zu meistern. Der amerikanische Psychologe Martin Seligman, der auch als Vater der Positiven Psychologie bezeichnet wird, führte über den Zeitraum von 20 Jahren eine Studie zum Thema Optimismus durch. Er wollte herausfinden, was Optimisten ausmacht und inwiefern sich Optimismus auf die Lebenszufriedenheit auswirkt. Die Schlussfolgerung seiner Studie: Optimismus ist die wichtigste Lebensqualität, die wir entwickeln können, um beruflichen Erfolg zu finden und glücklich zu werden. Seligman fand heraus, dass Optimisten sich durch vier Schlüsseleigenschaften auszeichnen.

Erstens suchen Optimisten immer nach einem positiven Aspekt, egal, wie verfahren ihre Situation ist. Dies ist für Verkäufer besonders hilfreich, wenn sie einen Durchhänger erleben und zeitweise kein Kunde an ihren Produkten interessiert ist. Ein optimistischer Verkäufer wird trotzdem weiter Kunden anrufen – bis er den nächsten Geschäftsabschluss in der Tasche hat. Selbst in schwierigen Zeiten wird ein positiv gestimmter Verkäufer der Situation etwas Gutes abgewinnen können, das ihn motiviert, weiterhin sein Bestes zu geben.

Zweitens sehen Optimisten Rückschläge nicht vorrangig als Scheitern an, sondern als Möglichkeit, besser zu werden. Positiv eingestellte Verkäufer sehen in jeder misslungenen Präsentation einen Anreiz, es beim nächsten Kunden besser zu machen.

Drittens suchen Optimisten immer nach einer Lösung, anstatt ihre Zeit damit zu vergeuden, sich zu beschweren oder nach einem Sündenbock zu suchen. Optimistische Verkäufer fokussieren sich auf die Lösung anstatt auf das Problem. Wenn sie vor einer Herausforderung stehen, gehen sie sofort in die Problemanalyse und anschließend an die Umsetzung.

Viertens denken und sprechen Optimisten stets mit Blick in die Zukunft. Sie machen sich Gedanken, was sie erreichen möchten und wie sie ihre Ziele erreichen, anstatt in der Vergangenheit festzuhängen und nur darüber zu reden, was gestern war.[89]

Diese Haltung macht es auch für Verkäufer deutlich wahrscheinlicher, dass sie zum einen konkrete Vertriebsziele vor Augen haben und diese zum anderen auch tatsächlich erreichen. Ein optimistischer Verkäufer befasst sich mit Rückschlägen nur so lange, wie er benötigt, um aus seinen Fehlern zu lernen.

MURAT ALTUNTAS

GESCHÄFTSFÜHRER
MAKAY PROJEKTMANAGEMENT GMBH

Wir sehen das Thema Vertrieb sehr
ganzheitlich in unserem Unternehmen.

Murat Altuntas, Geschäftsführender Gesellschafter der MAKAY Projektmanagement GmbH, betont die ganzheitliche Rolle des Vertriebs in seinem Unternehmen. Anstelle eines klassischen Produkts positioniert sich MAKAY als verlässlicher Partner und Investor, weshalb insbesondere der Vertrieb von hoher Relevanz ist.

In den letzten zehn Jahren beschreibt Altuntas die Entwicklung von Verkauf und Vertrieb als rasant, digital und vernetzt. Durch die Digitalisierung verlieren räumliche Entfernungen an Bedeutung, während neue Kontakte und Kommunikationsmöglichkeiten entstehen. Ein stetig wachsendes Netzwerk spielt eine zentrale Rolle im Unternehmenserfolg.

Führung im Vertrieb bedeutet für Altuntas, seine Mitarbeitenden auf Ziele und Vorgehensweisen einzustimmen und gemeinsam Strategien zu entwickeln und umzusetzen. Dabei sind gegenseitiges Vertrauen und Loyalität entscheidend. Er betont Authentizität, Verlässlichkeit sowie den persönlichen Kontakt als Erfolgsfaktoren im Vertrieb. Sein Rat an Führungskräfte ist die 4M-Formel: „Man Muss Menschen Mögen."

Statt eines einzelnen erfolgreichen Projekts sieht Altuntas die gesamte Entwicklung seiner Unternehmensgruppe als vielversprechend. Langjährige, vertrauensvolle Geschäftsbeziehungen ermöglichen zukünftige Projekte und fördern weitere Erfolge. Neue Kontakte im Netzwerk führen oft zu Kooperationen und nachhaltigem Wachstum.

Für junge Vertriebsmitarbeitende empfiehlt Altuntas, Gesprächspartner wertzuschätzen, authentisch, offen, ehrlich, freundlich und mutig zu sein. Erfolgreiches Vertriebsmanagement zeichnet sich durch wiederkehrende Projektabschlüsse und langfristige Geschäftsbeziehungen aus. In seiner Branche, aufgrund hoher Investitionsvolumina pro Projekt, ist eine 110 der Anspruch, der ihn zum Erfolg antreibt.

15
Fleiß schlägt Talent

„Wenn nichts zu helfen scheint, schaue ich mir einen Steinmetz an, der vielleicht hundert Mal auf seinen Felsen hämmert, ohne dass auch nur ein Riss zu sehen ist. Doch beim hundertsten und ersten Schlag spaltet er sich in zwei Hälften, und ich weiß, dass es nicht dieser Schlag war, der es getan hat, sondern alles, was vorher geschah", sagte Kobe Bryant.[90] Bryant war ein talentierter, aber unerfahrener High-School-Basketballspieler, als er in die NBA eintrat. Seine gesamte erste Saison verlief ergebnisarm. Im Laufe seiner Karriere wurde er dennoch einer der größten Basketballspieler aller Zeiten. Seine größte Waffe war seine mentale Stärke und sein unerschütterlicher Wille, immer besser zu werden. Er nutzte alles in seiner Umgebung als Motivation und ließ sich von Rückschlägen nicht entmutigen.

Der spätere Basketballprofi nahm schon als Jugendlicher eine langfristige Perspektive ein: „Ich musste es also langfristig betrachten, denn ich wollte das Spiel nicht aufgeben. Ich musste also sagen: 'Okay, dieses Jahr werde ich das besser machen. Nächstes Jahr das hier.' Und dann so weiter und so fort. [...] Es geht um die Beständigkeit der Arbeit. Montag, besser werden. Dienstag, besser werden. Mittwoch, besser werden. Und das machst Du über einen bestimmten Zeitraum, nicht einen oder zwei Monate. Es sind drei, vier, fünf, sechs, sieben, acht, neun, zehn Jahre. Und dann kommst Du ans Ziel."[91]

Der ehemalige amerikanische Basketballprofi verkörpert für viele das Prinzip, nie aufzugeben. Er bezeichnete sein Maß an intensiver Konzentration und unerbittlicher Durchsetzungskraft in der Trainingsvorbereitung als auch im Wettkampf selbst als „Mamba-Mentalität". In seiner 20-jährigen Profikarriere – mit fünf NBA-Titeln, zwei olympischen Goldmedaillen und 18 All-Star-Teilnahmen – sah sich Bryant selbst als den schärfsten Konkurrenten seiner Generation.[92]

Der gleiche rote Faden zieht sich durch andere Spielerkarrieren. Viele Supertalente schaffen es im Fußball nicht über die zweite Liga hinaus, während es anderen mit mehr Ehrgeiz und Fleiß gelingt, in Topmannschaften zu spielen. So sagt auch der ehemalige portugiesische Nationalspieler Cristiano Ronaldo selbst, dass er einer der weniger talentierten Spieler in Madrid war. Felipe Scolari, einer von Ronaldos Trainern, sagte über den Fußballstar: „Talent ist nicht eine der ersten Tugenden, wenn wir an Ronaldo denken, aber Hingabe ist das, was ihn zu dem macht, was er ist. Das ist die erste Tugend, wenn ich an ihn denke."[93] Ronaldo hat es durch seine harte Arbeit und Besessenheit vom Erfolg geschafft, einer der besten Fußballer der Welt zu werden.

Mit mittlerweile 38 Jahren trainiert Ronaldo immer noch unzählige Stunden am Tag und erzielt weiterhin überragende berufliche Erfolge als Spieler und mittlerweile auch als Fußballvereinspräsident und Unternehmer. Er zeigt, dass Erfolg im Fußball nicht nur von Talent, sondern auch von harter Arbeit und Entschlossenheit abhängt. Die Fleißigen gewinnen immer. Weil sie es wieder und wieder versuchen, bis es irgendwann klappt. Bei Verkäufern ist es wie bei Athleten. Natürlich gehört ein gewisses Grundtalent dazu und umso intuitiver jemand verkauft, umso weiter oben fängt er an. Aber letzten Endes entscheidet nicht das Talent, sondern der Fleiß. Wenn ein Verkäufer 100 Kunden anruft, statt 20, kann er so schlecht sein, wie er will – irgendwann kauft immer einer.

Die Logik steigender Abschlussquoten

Als Verkäufer weiß ich, dass Abschlussquoten ein wichtiger Indikator für den Erfolg im Vertrieb sind. Wenn ein Verkäufer A zum Beispiel eine Abschlussquote von 1:10 hat, bedeutet das, dass er zehn Kunden anrufen muss, um ein Geschäft abzuschließen. Wenn sein Kollege B eine Abschlussquote von 1:5 vorweisen kann, ruft er nur fünf Kunden an, bis er im Durchschnitt einen Erfolg erzielt. Wenn Verkäufer B zehn Kunden anruft, wird er im Durchschnitt bei zwei Kunden erfolgreich sein, was bedeutet, dass er doppelt so oft einen neuen Kunden überzeugt wie Verkäufer A.

Wenn nun allerdings Verkäufer A einfach doppelt so viele Kunden anruft, nämlich 20 Kunden statt 10, wird er ebenfalls im Durchschnitt zwei Abschlüsse erzielen. Aber Verkäufer A weiß auch, dass er noch besser sein kann. Wenn er dreimal so viele Kunden anruft wie sein talentierter Kollege B, kann Verkäufer A Verkäufer B schlagen.

Dann schließt nämlich Verkäufer A auf einmal drei Geschäfte pro Tag ab (bei 30 Anrufen), während Verkäufer B weiterhin nur zwei neue Kunden vorzuweisen hat (bei 10 Anrufen). Eine gute Vorbereitung und Planung können den Unterschied zwischen einem erfolgreichen und einem erfolglosen Verkaufsgespräch ausmachen. Aber letztendlich ist es der Fleiß, der Dich im Vertrieb wirklich voranbringt. Du kannst noch so talentiert sein, aber wenn Du nicht hart arbeitest, wirst Du nicht erfolgreich sein. „Ich bin überzeugt, dass etwa die Hälfte dessen, was erfolgreiche von nicht erfolgreichen Unternehmern unterscheidet, reine Beharrlichkeit ist", war die Überzeugung von Apple-CEO Steve Jobs.[94] Natürlich ist es nicht sinnvoll und auf Dauer für Verkäufer A nicht möglich, jeden Tag dreimal so viele Anrufe zu tätigen wie Verkäufer B. Wenn Verkäufer A seine vielen Anrufe allerdings zur Fehleranalyse nutzt und sich Raum und Zeit nimmt, sein Vorgehen zu reflektieren, wird sich fast automatisch eine Verbesserung seiner Verkaufsfähigkeiten einstellen. Bis er irgendwann Verkäufer B einholt und auch bei einer Abschlussquote von 1:5 landet. Wenn er weiterhin mehr Kunden anruft als Verkäufer B, ist er am Ende sogar erfolgreicher. Irgendwann landet er bei 1:3 und wird schließlich der beste Verkäufer, einfach weil er aus seinen Erfahrungen gelernt hat und Fleiß bewiesen hat, während Verkäufer B sich auf seinem Verkaufstalent ausgeruht hat.

In einigen Metropolen werden Marathonläufe in Hochhäusern veranstaltet. Erfolg im Vertrieb können wir uns vorstellen wie so einen Marathon im Treppenhaus eines Wolkenkratzers. In unserem Verkaufsmarathon starten einige Verkäufer auf einem höheren Stockwerk (Talent), während die meisten im Erdgeschoss ihren Lauf beginnen. Doch wenn Du hart arbeitest und Dich bemühst, kannst Du trotzdem schneller zum obersten Stockwerk gelangen als diejenigen, die von einem höheren Stockwerk gestartet sind. Der Verkäufer, der fleißig arbeitet, nimmt aufgrund von Ausdauer und Entschlossenheit zehn Treppen pro Stunde, während der Verkäufer, der sich auf sein Talent verlässt und auf ihm ausruht, lediglich fünf Treppen pro Stunde rennt. Es bedarf keiner Fantasie, wer dieses Rennen für sich entscheidet.

Doch wie weit sind Verkäufer bereit zu gehen, um erfolgreich zu sein? Wie wichtig sind Überstunden oder Wochenendarbeit? Meiner Meinung nach geht es im Leben um Engagement und Fleiß. Viele verbinden Fleiß mit Überstunden oder dem Arbeiten am Wochenende, obwohl es gar nicht so weit gehen muss. Tatsächlich zeigen Statistiken, dass 80 Prozent der Verkäufe erst nach dem fünften Follow-up-Anruf oder -Kontakt abgeschlossen werden. Dennoch geben 44 Prozent der Verkäufer bereits nach dem ersten Follow-up auf.[95] Dabei handelt es sich um die Grundlagen des Vertriebs, die viele einfach nicht beherrschen.

Der durchschnittliche Verkäufer verspricht viel, hält aber wenig und hört einfach auf, den Kunden anzurufen. Bevor wir von überdurchschnittliche Verkäuferleistungen und Bonusmeilen sprechen, sollten wir erst einmal die Grundvoraussetzungen klären: nämlich den Fleiß an den Tag zu legen, diese fünf oder sechs Anrufe zu tätigen, um ein Geschäft abzuschließen. Das sind die Basics. Die Bonusmeile besteht auch nicht darin, einen Service besonders schnell zu liefern. Die Bonusmeile ist, den Folgeauftrag unterzeichnet zu haben, bevor der erste Vertrag erfüllt ist. Ich war als Verkäufer immer Erster. Weil ich den Samstag sowie Feiertage nutzte und bis heute nutze. Als Verkäufer hatte ich immer einen Vorteil gegenüber meinen Kollegen, denn ich arbeitete an sechs Tagen in der Woche, während die meisten nur von Montag bis Freitag arbeiteten. Außerdem fing ich immer früh an, hörte aber nicht früher auf. Das gab mir weitere zwei bis drei Stunden mehr Zeit pro Tag. Dadurch konnte ich im Vergleich zu einem Durchschnittsverkäufer beinahe doppelt so viel arbeiten. Ich konnte deutlich mehr Kundentermine wahrnehmen als der durchschnittliche Verkäufer. Während meine Kollegen nur 15 Termine pro Woche hatten, hatte ich 40. Diese Arbeitsmoral und mein unermüdlicher Fleiß führten dazu, dass ich damals als Verkäufer immer der Erste war und deutlich mehr Umsatz erwirtschaftete.

Auch wenn mich heute jemand fragt, wie ich so viele Dinge gleichzeitig machen kann: ich habe einen Tag mehr die Woche zur Verfügung. Und ich arbeite mit Hebeln: Durch meine Assistenten habe ich weitere 40 Stunden pro Mitarbeiter zur Verfügung. Als Verkäufer erreichte ich irgendwann eine Abschlussquote von 1:1. Das heißt, ich schloss im Durchschnitt jedes Geschäft ab. Ich habe so viele Kunden angerufen und meine Verkaufsargumente so oft überarbeitet und verfeinert, bis ich einfach jeden Kunden überzeugen konnte. Ich wusste schon zu Beginn jedes Verkaufsgesprächs, dass mit höchster Wahrscheinlichkeit gerade ein neuer Kunden vor mir saß. Ich wurde so gut, dass ich mich langweilte. Die Tatsache, dass ich irgendwann einfach jeden Kunden gewinnen konnte, lag nicht daran, dass ich so unglaublich talentiert war, sondern daran, dass ich unermüdlich trainiert hatte. Ich hatte jeden Einwand eines Kunden so lange geübt, bis ich ihn aus dem Weg räumen konnte und hatte so viel Erfahrung gesammelt, dass ich jeden Kunden überzeugen konnte.

Training und Fleiß sind keine Frage der Möglichkeit, sondern der Bereitschaft. Sowie der richtigen Ressourcen. Stelle als Chef stets sicher, dass Du Deinen Mitarbeitern das notwendige Training zukommen lässt. Aus diesem Grund biete ich auch meinen Verkäufern Trainings an. Und absolviere selbst teilweise zwei- bis dreiwöchige Trainings, bei denen ich durch den Fleischwolf gedreht werde. Wenn es darum geht, zu entscheiden, welchen Coach oder welche Art von Training Du wählen solltest, rate ich Dir: Buche den Coach, der Dich mehr herausfordert. Nicht denjenigen, bei dem das Seminar am einfachsten sein wird. Wir sollten uns nicht für den angenehmeren Weg entscheiden, sondern uns darauf konzentrieren, uns ständig zu verbessern. Und das geht nur, wenn Du auch einmal das Geld in die Hand nimmst, Dich von wirklich erfahrenen Coaches umfassend weiterbilden zu lassen, auch wenn Dir erst einmal der Schädel brummt.

Warum es manchmal nur darum geht, anzufangen

Wenn Du in ein kaltes Schwimmbecken springst und einfach anfängst zu paddeln, wirst Du Dich schneller an das Wasser und das Schwimmen gewöhnen, als wenn Du am Beckenrand stehst und stundenlang über die perfekte Schwimmtechnik nachdenkst. Es geht beim Schwimmenlernen zuerst darum, Dich überhaupt im Wasser zu bewegen und Dich langsam zu verbessern, bevor Du Dich auf die Feinheiten konzentrierst.

Genauso ist es oft im Vertriebsleben: Wer einfach anfängt und sich Schritt für Schritt verbessert, hat oft einen Vorteil gegenüber denen, die zu lange überlegen und auf Perfektion warten. Denn am Anfang geht es darum, zu handeln, nicht um Perfektion. So war es auch bei meinem ersten Buch. Ich hatte das Ziel, vor meinem 30. Geburtstag ein Buch zu veröffentlichen, und das habe ich erreicht. Es war nicht perfekt, aber es war ein Anfang. Ich hatte mein erstes Buch veröffentlicht. Ich war Autor. Der erste Schritt war genommen und der ist bekanntlich der schwerste. Denn wenn Du nicht anfängst, kannst Du auch nicht gewinnen. Ich nenne das die Logik der „Startqualität". Selbstverständlich traf auch ich auf Kritiker, die alles besser wussten und konnten – doch sie waren mir egal, ich hatte mein Ziel erreicht und das konnten sie mir nicht mehr nehmen. Ich hatte mein Buch schließlich nicht für sie geschrieben.

In meinem Vertrieb gibt es drei Faktoren, die entscheidend sind: die Anzahl an vereinbarten Terminen, die Folgevertragsquote und das Verkaufsvolumen. Jeder dieser Faktoren ist wichtig. Die Anzahl der vereinbarten Termine ist kein Thema der Intelligenz, sondern es geht darum, einfach anzufangen und im Laufe der Zeit seine Strategie zu verbessern. Viele Verkäufer verzetteln sich am Anfang, weil sie zu viel darüber nachdenken, wen sie als mögliche Kunden kontaktieren sollten. Doch es geht darum, überhaupt anzufangen und im Laufe der Zeit zu lernen und sich zu verbessern. Ich glaube, dass diejenigen, die sich selbst mit Ausreden davon abhalten, anzu-fangen, schlicht faul sind. Je intelligenter der Mensch, desto intelligenter die Ausrede. Doch wenn Du nicht trainierst, wenn Du nicht fleißig bist, bist Du einfach nur bequem. Deswegen habe ich eine klare Regel in meinem Vertrieb aufgestellt: In einem der drei Faktoren kann ein Verkäufer mal schlecht sein, aber in zwei oder allen dreien gleichzeitig schlecht zu sein, das geht nicht.

Wenn Du nicht erfolgreich bist, liegt das nicht an den äußeren Umstän-den, sondern an Dir selbst. Deshalb denke ich, dass diejenigen, die einfach anfangen und ihre Strategie im Laufe der Zeit verbessern, gegenüber denje-nigen, die sich selbst mit Ausreden davon abhalten, gewinnen werden. „Der richtige Weg, um anzufangen, ist, mit dem Reden aufzuhören und mit dem Tun zu beginnen", bringt es Walt Disney auf den Punkt.[96] Diejenigen, die einfach anfangen, haben den wichtigen ersten Schritt gemacht und dadurch in die Lage gebracht, zu lernen und sich zu verbessern.

NICOLAS KRÖGER

GESCHÄFTSFÜHRER WAGEMUT GMBH

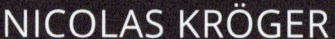

" Das Wichtigste: Als der Unternehmer und
Visionär habe ich die Leitung über den Vertrieb. "

Nicolas Kröger ist kein gewöhnlicher Geschäftsführer. Mit der Wagemut Produktion GmbH hat er nicht nur ein Unternehmen geschaffen, das sich auf die Herstellung qualitativer Spirituosen spezialisiert, sondern auch eine Welt voller authentischer Erlebnisse.

Seine Laufbahn begann früh mit der Destillation und führte ihn von seiner Ausbildung als Hotelfachmann und Sommelier in Hamburg bis zu den Malediven, um Barkonzepte für eines der besten Resorts der Welt zu transformieren. Als Inhaber mehrerer Unternehmen, darunter eine Pizzeria und ein Spirituosenhandel, hat Kröger bewiesen, dass Erfolg keine Glückssache ist.

Der Vertrieb spielt eine zentrale Rolle in Krögers Geschäftsstrategie. „Die Verantwortung und die Oberhand bleiben bei mir", betont er. Kröger leitet seine Mitarbeitenden an, die Herausforderungen eigenständig anzugehen, und ermutigt sie, aus ihren Fehlern zu lernen. Er sieht den Weg zum Erfolg als einen langen, aber lohnenden Prozess.

In einem von ihm als „unauthentisch, dramatisch und verwöhnt" beschriebenen Vertriebsumfeld legt Kröger den Schwerpunkt auf Authentizität und Kundenservice. Sein erfolgreichstes Projekt, die Wagemut Taste Academy, ist ein YouTube-Kanal, der sein Fachwissen über Spirituosen und deren Herstellung teilt. Trotz der relativen kleinen Community konnte der Kanal eine Gruppe von Markenbotschaftern zusammenbringen, die die Produkte von Wagemut begeistert weiterempfehlen.

Sein Rat an junge Vertriebsmitarbeitende ist simpel und doch wirkungsvoll: „Sei Du selbst und nutze Deine Energie. Menschen werden unbewusst deine Nähe suchen, um an Deinem Feuer teilzuhaben." Mit Wagemut und Authentizität strebt Kröger danach, die Spirituosenbranche mit Qualität und echtem Service zu durchdringen.

16
Disziplin ist die Basis des Vertriebserfolgs

Disziplin kann in vielen Bereichen des Arbeitslebens entscheidend sein, um erfolgreiche Ergebnisse zu erzielen. Aber gerade im Vertrieb ist sie eine unerlässliche Tugend. Es geht nicht nur um Pünktlichkeit und konsequentes Vorgehen, sondern auch um Zuverlässigkeit und Arbeitsqualität. Um eine zielorientierte und methodische Herangehensweise an Vertriebsaufgaben. Ein disziplinierter Vertriebsmitarbeiter setzt sich konkrete Ziele und verfolgt diese mit einer klaren Strategie und einem strukturierten Plan. Disziplin erfordert eine hohe Selbstkontrolle, um sich auf die Aufgaben zu konzentrieren und von Ablenkungen abzuhalten.

Disziplin und Fleiß werden oftmals miteinander verwechselt. Fleiß bezieht sich auf die Bereitschaft, hart zu arbeiten und sich intensiv zu engagieren. Ein fleißiger Vertriebsmitarbeiter arbeitet lange Stunden und zeigt Einsatzbereitschaft, um seine Ziele zu erreichen. Allerdings kann es sein, dass er unstrukturiert arbeitet und seine Energie nicht immer effektiv einsetzt. Insgesamt ist Disziplin im Vertriebskontext wichtiger als Fleiß, da sie die gezielte Umsetzung von Vertriebsstrategien und die Erreichung von Vertriebszielen sicherstellt. Fleiß kann zwar hilfreich sein, wenn er mit Disziplin und Strategie kombiniert wird, aber allein kann er nicht ausreichen, um erfolgreich im Vertrieb zu sein. Ein fleißiger Mitarbeiter läuft einen Marathon, allerdings ohne am Anfang zu wissen, wohin er überhaupt läuft. Ein disziplinierter Mitarbeiter läuft täglich einen Sprint, der ihn genau dorthin bringt, wo er sein Tagesziel gesetzt hat.

Es gibt immer wieder Mitarbeiter oder Vorgesetzte, die ihre Arbeitszeit nicht effektiv nutzen und dadurch andere Kollegen beeinträchtigen. Zum Beispiel ein Senior Manager, der selbst erst mittags zur Arbeit erscheint und dann um 18 Uhr diejenigen Mitarbeiter kritisiert, die bereits nach Hause gegangen sind. Er behauptete, dass man mit Teilzeitarbeit nichts erreichen könne, ohne jedoch zu bemerken, dass er selbst nur halbtags arbeitete und daher kein Recht hat, andere zu kritisieren. Um solche Situationen zu vermeiden, müssen klare Regeln und Leitplanken aufgestellt werden, die für Mitarbeiter aller Ebenen gleichermaßen gelten.

So kann zum Beispiel der Arbeitsbeginn für alle Mitarbeiter auf eine bestimmte Uhrzeit festgelegt werden. Ich bin zum Beispiel ein Frühaufsteher, daher habe ich mit meiner Assistentin abgesprochen, dass sie um sieben Uhr im Büro erscheint – dadurch kann sie natürlich um drei Uhr nachmittags nach Hause gehen. Doch es verlangt Disziplin von ihr, um sieben Uhr auf der Matte zu stehen. Und ich muss so diszipliniert sein, mich nicht zu beschweren, wenn sie um drei Uhr geht, obwohl ich ihre Unterstützung noch für diese und jene Aufgabe bräuchte.

Ich kann natürlich nicht erwarten, dass sie mehr als die vertraglich vereinbarten Arbeitsstunden investiert, und das bedeutet nun mal, dass sie früher geht, wenn sie auch früher kommt. Auch wenn ich natürlich am liebsten hätte, dass sie so früh kommt wie ich und so spät nach Hause geht wie ich. Es ist wichtig, dass solche Erwartungen klar kommuniziert werden, um Konflikte zu vermeiden. Insgesamt ist Disziplin am Arbeitsplatz ein wichtiger Faktor für den Erfolg eines Unternehmens. Durch klare Regeln und Erwartungen sowie eine disziplinierte Arbeitsweise der Mitarbeiter kannst Du einen reibungslosen Arbeitsablauf gewährleisten. Ein Beispiel dafür können wir uns an der amerikanischen Supermarktkette Walmart nehmen. Hier wird von den Mitarbeitern erwartet, dass sie sich strikt an die Vorgaben des

Unternehmens halten. Dazu gehören unter anderem klare Arbeitsabläufe, strikte Zeitpläne und klare Anweisungen zur Kundenbetreuung. Walmart-Gründer Sam Walton führte die sogenannte Zehn-Fuß-Regel ein. Bei Besuchen in den Walmart Stores gaben die Mitarbeiter folgendes Versprechen an den Gründer ab: „Ich verspreche feierlich und erkläre, dass ich jeden Kunden, der sich innerhalb von zehn Fuß von mir befindet, anlächeln, ihm in die Augen schauen, ihn grüßen und fragen werde, ob ich ihm helfen kann."[97] Walmart-Mitarbeiter wissen genau, was von ihnen erwartet wird und können sich darauf einstellen. Das Ergebnis ist ein effizientes und erfolgreiches Unternehmen, das in den USA den größten Arbeitgeber darstellt.[98]

Alles in allem ist es wichtig, dass Du Dir als Chef überlegst, wie viel Disziplin Du von Deinen Mitarbeitern erwarten kannst und in welchen Bereichen. Manche Menschen besitzen keine Disziplin und es ist unmöglich, sie dazu zu zwingen, disziplinierter zu sein. Persönlich besteht für mich in einem Fall mangelnder Disziplin die Schlussfolgerung darin, die Zusammenarbeit nicht zu verlängern. Ich hatte einmal eine Mitarbeiterin, die es einfach nicht schaffte, pünktlich zu sein. Zu jedem einzelnen Meeting kam sie zu spät. Jedes Mal. In einem Jahr war sie nicht einmal pünktlich.

Ich habe das angesprochen und als es sich nicht gebessert hat, habe ich daraus die Konsequenz gezogen und sie entlassen. Du kannst Menschen nicht zwingen, disziplinierter zu sein. Du kannst nur vorgeben, wie viel Disziplin Du erwartest und entsprechendes Feedback geben, wenn Deine legitimen Erwartungen nicht erfüllt werden. Unternehmen verfolgen unterschiedliche Ansätze, um die Disziplin ihrer Mitarbeiter zu fördern. Die Drogeriekette dm hat ein System namens „Erfolgsbeteiligung", bei dem die Mitarbeiter eine finanzielle Prämie erhalten, wenn das Unternehmen erfolgreich ist.[99] Diese Prämie wird jedoch nur ausgezahlt, wenn die Mitarbeiter bestimmte Ziele erreichen, wie eine hohe Kundenzufriedenheit oder eine effiziente Warenverfügbarkeit. Auf diese Weise fördert dm die Disziplin und das Engagement seiner Mitarbeiter, indem es klare Ziele setzt und sie mit finanziellen Anreizen belohnt. Toyota wiederum ist bekannt für die Anwendung des Kaizen-Prinzips. Kaizen bedeutet „kontinuierliche Verbesserung" und beinhaltet eine stetige Evaluierung von Arbeitsprozessen, um Verbesserungen vorzunehmen. Das Konzept von Kaizen basiert auf der Idee, dass jeder Mitarbeiter in der Organisation dazu beitragen kann, Prozesse und Abläufe zu verbessern und somit die Produktivität des Unternehmens steigert. Toyota hat dieses Modell perfektioniert, indem es eine Kultur geschaffen hat, in der jeder einzelne Mitarbeiter ermutigt wird, ständig Verbesserungen vorzuschlagen und umzusetzen. Das Unternehmen hat klare Erwartungen an die Mitarbeiter und sorgt dafür, dass jeder Mitarbeiter die notwendigen Fähigkeiten und Ressourcen hat, um Verbesserungen vorzunehmen.[100] Das Automobilunternehmen schafft damit eine Umgebung, in der Disziplin und Engagement der Mitarbeiter gefördert werden, um kontinuierlich besser zu werden.

Disziplin musst Du als Führungskraft vorleben

Ich glaube, Disziplin ist beim Chef oft mehr gefragt als beim Mitarbeiter. Ein diszplinierter Chef wirkt sich positiv auf das gesamte Unternehmen aus. Die Welleneffekte sind größer. Das heißt nicht, dass Du als Chef erwarten kannst, dass Deine Mitarbeiter genauso arbeiten wie Du selbst. Jeder Mitarbeiter hat seine eigene Arbeitsweise und Prioritäten. Wenn ich Seminare halte, ist es für mich selbstverständlich, dass ich vor Ort meine Bücher verkaufe. Das mache ich einerseits, weil diese Bücher relevanten Content bieten, andererseits lebe ich meinem Team vor, dass ich immer verkaufe, egal, wo ich bin. Ich habe auch immer Bücher, Anträge und Verträge dabei – mein Credo: Wenn der Kunde kaufen will, soll er auch kaufen können! Denn ich kann nur so viel Disziplin von meinem Gegenüber verlangen, wie ich selbst bereit bin, zu bringen.

Ich denke, dass niemand wirklich erfolgreich geworden ist, ohne diszipliniert zu arbeiten. Jeff Bezos, Bill Gates oder Elon Musk sind nicht gerade bekannt dafür, Däumchen zu drehen. „Man kann nicht von Millionen träumen, aber mit einer Mindestlohn-Ethik arbeiten", wie es der irische Autor, Schauspieler und Unternehmer Stephen C. Hogan auf den Punkt bringt.[101]

Disziplin besitzt enorme Signalwirkung. Bedenke stets, dass Du als Gründer und CEO der erste Verkäufer Deines Unternehmens bist und mit positivem Beispiel vorangehen musst, wenn Du viel von Deinen Mitarbeitern verlangst. Von Deinen Verkäufern ganz besonders. Ein ehemaliger Mitarbeiter gründete mit einem Freund von ihm ein Unternehmen, aber nach nur einem halben Jahr verkündete der Freund, dass er für drei Monate aus Südamerika arbeiten würde, während er dort herumreiste. Für mich war das befremdlich. Wenn ich ein Unternehmen aufbaue, bin ich für das Unternehmen verantwortlich und es braucht mich. Das kann ich nicht in Teilzeit machen, während ich Südamerika erkunde. Dabei geht es gar nicht nur darum, wie viele Stunden er tatsächlich arbeitet oder wie viele Anrufe er tatsächlich tätigt. Es geht um die Signalwirkung und um die Frage, wie diszipliniert wir als Gründer und Führungskräfte auftreten. Denn Disziplin ist viel mehr als das tatsächliche Tun. Es ist die Wirkung, die wir auf unser Team und unsere Mitarbeiter haben. Für mich lässt sich diese Herangehensweise auch nicht mit New-Work-Ansätzen zur Selbstverwirklichung rechtfertigen, hier geht es um die Konsequenz und die Seriosität als Unternehmer. Letztlich ist es auch eine Frage von Entschiedenheit: Was will ich? Ein Unternehmen aufbauen oder einen anderen Kontinent erkunden? Wer beides gleichzeitig erreichen will, strebt in jedem Moment seines Daseins in zwei verschiedene Richtungen.

Disziplin bezieht sich darauf, die wichtigen Aufgaben zuerst zu erledigen. Und nicht aufzuhören, bis alle realistischerweise machbaren Vertriebsaufgaben für den jeweiligen Tag abgehakt sind. Disziplin bedeutet auch, sich mit Themen auseinanderzusetzen, die einen etwas Überwindung kosten. Auch mit Menschen zu sprechen, die Dich weniger interessieren und Dich um alle Bereiche des Unternehmens zu kümmern, nicht nur um die, die Dir liegen. Wenn Du beispielsweise als Geschäftsführer denkst, dass Du ein Experte im Controlling bist, solltest Du Dich trotzdem regelmäßig zwingen, Dich eben auch mit Vertrieb und Marketing zu beschäftigen und dort Projekte voranzubringen.

Es geht um die Disziplin, uns auch in ungewohnte Bereiche zu begeben und uns mit Themen zu beschäftigen, die uns weniger spannend oder vertraut erscheinen. Du musst die Disziplin besitzen, Themen anzugehen, die Dir fremd sind, damit das Unternehmen vorankommt und Du als Vorbild für Deine Mitarbeiter vorangehst. Es geht um die Signalwirkung, die Du ausstrahlst, wenn Du wichtige, aber unangenehme Aufgaben konsequent erledigst. Das motiviert auch Deine Mitarbeiter, sich auf die wirklich wichtigen Aufgaben zu konzentrieren. Sie diszipliniert an- und auf Kunden zuzugehen. Mit dem Zugehen auf Menschen beschäftigt sich auch das nächste Kapitel.

PROF. DR. KAI-MARKUS MÜLLER

PROFESSOR OF CONSUMER BEHAVIOR
AN DER HFU BUSINESS SCHOOL IN SCHWENNINGEN
UND DIRECTOR OF PRICING RESEARCH
BEI NEURENSICS IN AMSTERDAM

"

Führung spielt im Vertrieb eine große Rolle.
Ein Vertriebsleiter muss gleichzeitig Motivator,
Coach, Vorbild und Tröster sein.

"

Professor Kai-Markus Müller, renommierter Experte für Verbraucherverhalten an der HFU Business School und Director of Pricing Research bei Neurensics, hat eine beeindruckende Karriere hinter sich. Seine Kenntnisse in den Neurowissenschaften und seine Erfahrung als Gründer eines Start-ups, das neurowissenschaftlich basierte Preisgestaltungstechnologien entwickelte, machen ihn zu einem gefragten Berater und Keynote Speaker.

In den letzten zehn Jahren hat Müller drei wichtige Trends im Vertrieb beobachtet: Verhaltensökonomie, Digitalisierung und Plattformen. Er betont die Bedeutung der Verhaltensökonomie im Verkauf, wobei Verkäufer, die den willkürlichen Zusammenhang zwischen Preis und Produkt und dessen Beeinflussbarkeit verstehen, am erfolgreichsten seien. In Zeiten der Digitalisierung und der wachsenden Bedeutung von Plattformen sieht Müller sowohl Herausforderungen als auch Chancen.

In Bezug auf Führung im Vertrieb betont Müller die Wichtigkeit von Zielsetzungen. Er empfiehlt Führungskräften, Ziele nach dem SMARTPrinzip zu setzen und betont, dass gerade erreichbare Ziele die besten Leistungen hervorbringen. Sein Ratschlag an junge Vertriebsmitarbeitende lautet, selbstbewusst zu sein, zuzuhören und lernbereit zu bleiben. Er glaubt fest daran, dass der Schlüssel zum erfolgreichen Vertriebsmanagement in der Kombination aus psychologischen Faktoren, Führung und dem intelligenten Einsatz von Technologie liegt.

17

Ein gutes Netzwerk ist unerlässlich

Eine der wichtigsten Komponenten für den Erfolg eines Unternehmens ist ein starkes Netzwerk. Das gilt für den Vertrieb noch mehr als für andere Unternehmensbereiche. Durch die Kontakte und Empfehlungen aus meinem Netzwerk habe ich schon mehr als einmal neue Kunden akquiriert, mit denen sich wertvolle und langfristige Geschäftsbeziehungen ergaben, sowie Top-Mitarbeiter und zahlreiche neue Ideen gewonnen. Um Dich in jedweder Weise weiterzuentwickeln, ist Dir ein Netzwerk von größtem Nutzen. „Wenn Du irgendwo hingehen willst, ist es am besten, jemanden zu finden, der schon dort gewesen ist", fasst es der erfolgreiche amerikanische Unternehmer Robert T. Kiyosaki zusammen.[102]

Als Chef sehe ich mein Netzwerk auch als eine Art Vergütung für meine Mitarbeiter. Mein Ziel ist es, meine Mitarbeiter zu unterstützen und ihnen Türen zu öffnen, die ihnen sonst verschlossen geblieben wären oder von denen sie noch nicht mal Notiz genommen hätten. Meine Mitarbeiter wissen, dass sie von meinem Netzwerk in vielfältiger Weise profitieren können, auch in Bezug auf zukünftige Jobpositionen. Einmal im Jahr veranstalte ich deshalb ein Familienfest für alle Mitarbeiter und ihre Familien, sodass sie untereinander Kontakte knüpfen können. Für Dich als Führungskraft ist es nicht nur wichtig, wie viele Kontakte Du hast, sondern auch, wie relevant sie sind. Scharen von Personen zu kennen, die mit Dir und Deinem Unternehmen keinerlei Überschneidung besitzen, bringt Dich nicht weiter. Das soll nicht heißen, dass Du Dich nur mit Leuten umgeben sollst, aus denen Du Nutzen ziehen kannst, sondern mehr dass Du Dich mit Menschen verbindest, die dasselbe Spiel spielen wie Du oder zumindest ins selbe Stadion gehen wie Du. Nehmen wir an, Du bist in der Immobilienbranche tätig. Wenn Du Dich vorrangig mit Menschen verbindest, die im Supermarkt die Regale einräumen, eine Umweltkampagne für die Stadt entwickeln oder in der Uni Studenten unterrichten, werdet ihr euch gegenseitig wenig geben können, weil keine Überschneidungen vorhanden sind. Gleichzeitig sind für dich wirklich relevante Kontakte nicht nur Wohnungs- und Hauseigentümer oder Makler in Wohnungsverwaltungen, sondern auch Handwerksmeister, Baubetriebe, Architekten sowie Beamte in der Stadt- oder Landesverwaltung. Sogar Hausmeisterdienste zählen für Dich zu relevanten Kontakten, da sie relevante Zielgruppenbesitzer für Dich sein können.

Denn sie treten mit deinen potenziellen Kunden – Wohnungseigentümern oder -verwaltungen – in Kontakt und können Dich über interessante Angebote informieren, bevor diese offiziell auf den Markt kommen. Umgekehrt kannst auch Du ihnen etwas geben und für sie interessante Angebote vermitteln. In ähnlicher Weise helfen Dir solche Netzwerke auch beim Rekrutieren, denn Du bekommst oft mit, wenn interessante Fachkräfte nach einem neuen Umfeld oder neuen Herausforderungen sind und kannst somit schnell handeln. In der Vergangenheit habe ich bereits Mitarbeiter durch Empfehlungen aus anderen Unternehmen gefunden. Ich führte beispielsweise ein Gespräch mit einem Mitarbeiter einer Kundenfirma, als dieser mir offenbarte, dass er demnächst kündigen werde. Zur gleichen Zeit suchte ich gerade für eines meiner eigenen Unternehmen einen Mitarbeiter für die Position, die er bekleidete. Da er in der Vergangenheit stets überzeugende Leistungen geliefert und ich einen positiven Eindruck von ihm gewonnen hatte, schlug ich ihm vor, sich bei uns zu bewerben.

Netzwerken geschieht vor allem nach Feierabend

Wenn Du aktiv Dein Netzwerk aufbauen und erweitern möchtest, erfordert das Einsatz über Deine üblichen Arbeitsstunden hinaus. Mein vierjähriger Sohn fragt mich oft, warum ich abends gehen muss, wenn ich mich auf den Weg zu einem Networking-Event mache. „Warum musst Du denn gehen? Du bist doch der Chef!", sagt er. Ich erkläre ihm dann, dass das Netzwerken ein wichtiger Teil meiner Arbeit als Chef ist.

Ich denke, es ist wichtig, dass nicht nur meine Kinder, sondern auch meine Mitarbeiter verstehen, dass Chefsein Verantwortung bedeutet. Ich glaube, dass Chefsein zwei Seiten hat: einerseits die Freiheit, gestalterisch tätig zu sein, andererseits die Verantwortung für Dein Team. Netzwerken ist ein wichtiger Bestandteil dieser Verantwortung. Deshalb ist es für mich unerlässlich, ein starkes Netzwerk zu pflegen und zu nutzen. Indem ich als Chef aktives Netzwerken vorlebe, zeige ich meinen Mitarbeitern, dass auch sie aktiv netzwerken sollen. Das bedeutet, dass sie selbst auf Veranstaltungen gehen und Kontakte knüpfen sollen, um neue Geschäftspartner oder potenzielle Mitarbeiter zu finden. Nicht nur für Dich als Chef, sondern auch für Deine Verkäufer ist ein gutes Netzwerk unerlässlich. Wenn ich zu Veranstaltungen gehe, um Kontakte zu knüpfen, machen meine Verkäufer das auch. Gemeinsam besuchen wir zum Beispiel Sportveranstaltungen, um unser Netzwerk zu erweitern.

Regelmäßig werde ich gefragt, ob meine vielfältigen Networking-Aktivitäten, auch abends, am Wochenende oder im Urlaub, nicht im Kontrast zu einer Work-Life-Balance stehen. Da trifft es sich gut, dass ich ohnehin nicht an eine Work-Life-Balance glaube. Arbeiten ist für mich kein Hobby, aber es grenzt daran an. Ich liebe, was ich tue, auch wenn es mitunter Einsatz fordert und Nerven kostet. Doch es erfüllt mich, daher brauche ich nicht zwangsweise eine Auszeit davon. Genauso sehe ich es beim Networking. Ich verknüpfe Privates mit Geschäftlichem, indem ich auf alle möglichen Arten neue Kontakte knüpfe. Networking ist für mich auch Akquise. Ich sehe auch meine drei veröffentlichten Bücher als eine Möglichkeit, neue Kontaktpunkte zu schaffen. Ich werde für Menschen greifbar, mit denen ich sonst nicht in Kontakt gekommen wäre, da wir weder in derselben Stadt wohnen noch uns in denselben Kreisen bewegen.

Wie Du Dein Netzwerk aufbaust und pflegst

Wenn Du Dein Netzwerk aufbauen und pflegen möchtest, musst Du nicht zwingend alleine auf Veranstaltungen gehen, aber es kann ein guter Start sein. Ich habe von Menschen gehört, die in einer Gruppe von 20 Personen auf die „Immo Real" gehen, die größte Immobilienmesse Deutschlands, und sich dann wundern, dass sie niemanden kennengelernt haben. Wenn Du zu viele Menschen um Dich herum hast, fällt es schwer, Kontakte zu knüpfen. Es ist daher oft sinnvoller, alleine auf Veranstaltungen zu gehen, um besser auf andere Menschen zugehen zu können. Vor Ort solltest Du gezielt auf andere Menschen zugehen und Gespräche suchen, denn Networking lohnt sich nur, wenn Du Dich aktiv beteiligst.

Verliere aber dabei nicht den Anlass der Veranstaltung aus den Augen. Manche Menschen übertreiben es – die gehen auf Veranstaltungen hauptsächlich mit der Absicht, Kontakte zu knüpfen und bekommen vom Inhalt der Vorträge gar nichts mit. Mache Dir stets bewusst, warum Du auf eine Veranstaltung gehst und ob Dein Ziel zum Anlass passt. Wenn Dich die Inhalte der Veranstaltung gar nicht interessieren, gibt es womöglich eine andere Möglichkeit zu netzwerken, die Dir eher weiterhilft.

Im Fall von Netzwerken führen viele Wege nach Rom – Veranstaltungen sind nur ein Weg zum Knüpfen von Kontakten. Social Media ist ein tolles Werkzeug, um Leute in anderen Branchen oder anderen Teilen der Welt kennenzulernen. Es scheint, als ob gerade in Deutschland noch viele Führungskräfte vor den sozialen Netzwerken als Werkzeug zurückschrecken. Bei manchen Firmen ist keiner der Geschäftsführer auf LinkedIn. Natürlich solltest Du auch an das digitale Netzwerken bewusst herangehen: Mit wem vernetzt Du Dich? Bei wem kommentierst Du? Wem folgst Du? Viele Firmen nutzen LinkedIn, um potenzielle Mitarbeiter und Geschäftspartner zu finden. Wenn Du also nicht auf LinkedIn präsent bist, verpasst Du möglicherweise wertvolle Kontakte. Es kann auch sinnvoll sein, Dich auf anderen sozialen Netzwerken umzusehen und zu überlegen, mit wem Du Dich vernetzen kannst. Du kannst auch Networking über Dritte betreiben. Ich war neulich in ein Hotel eingeladen, um einen Geschäftskontakt zu treffen. Der konnte leider doch nicht persönlich erscheinen. Also bat ich die Empfangsdame, ein Foto von mir zu schießen und es ihrem Chef am nächsten Tag zu zeigen. So vertiefe ich den Kontakt, auch wenn wir uns gar nicht persönlich gesehen haben. In diesem Fall konnte ich dem Hotelchef mithilfe der Empfangsdame wissen lassen, dass ich an ihn gedacht hatte und ich den Kontakt pflege. Netzwerken kannst Du also auch indirekt. Hauptsache, Du lässt Dir keine Möglichkeit entgehen, Dich mit jemandem zu verknüpfen und jemanden wissen zu lassen, dass Du an ihn gedacht hast.

Netzwerken bedeutet Wertschätzung

Denn erfolgreiches Netzwerken lebt von Wertschätzung. Mit wie viel Wertschätzung Du Deinem Gegenüber begegnest, beeinflusst maßgeblich, wie Du und Dein Unternehmen wahrgenommen werden. Das kann persönlich stattfinden oder über Umwege. Ich habe Kontakte, die habe ich noch nie persönlich getroffen, wir haben uns höchstens eine E-Mail oder einen Brief geschrieben.

Auch diese Personen zähle ich zu meinem Netzwerk. Durch unsere Kommunikation haben wir einen Eindruck voneinander erhalten. Du kennst sicher das Gefühl, mit jemandem sofort eine Verbindung zu haben, auch wenn ihr euch noch nie persönlich getroffen habt. Sofern Du entscheidende Dinge mit jemandem gemeinsam hast – sei es der Berufszweig, der Karriereweg oder eine Vorliebe für einen gewissen Sport oder ein Hobby – kannst Du eine Verbindung knüpfen und Dich schnell verbunden fühlen. Nutze diese Gemeinsamkeiten, um Dein Netzwerk mit Gleichgesinnten zu erweitern.

Der Aufbau Deines Netzwerkes beginnt immer im näheren Umfeld. Es ist wichtig, Deine Mitarbeiter und Geschäftspartner mit Wertschätzung zu behandeln, denn so steigt die Wahrscheinlichkeit, dass sie Dich weiterempfehlen und Deinen Namen in einem relevanten Kontext an Dritte weitergeben. Roosevelt wurde beispielsweise dafür gefeiert, dass er die Namen aller Mitarbeiter des Weißen Hauses kannte. Bestehende Kontakte zu pflegen, ist für das Netzwerk ebenso elementar, wie Dich auf die Suche nach neuen Kontakten zu begeben. So kannst Du beispielsweise ehemaligen Geschäftspartner anschreiben und ein Treffen vereinbaren oder Kollegen zu einem Mittagessen einladen.

Je besser Du bestehende Geschäftskontakte pflegst, desto mehr wirst Du von ihnen profitieren können. Dann brauchst Du nicht auf unzählige Veranstaltungen zu gehen – Du hast schon Kontakte um Dich herum, die sich auszahlen können. Gerade wenn Du auf dem Gebiet des Netzwerken noch nicht so trittsicher bist, kannst Du Dich so langsam an das Thema herantasten.

Netzwerk-Kompetenz durch Reichweite

Besonders im Vertrieb funktioniert Netzwerken von innen nach außen besser. Um Vertriebskompetenz zu fördern, ist es daher von großer Bedeutung, eine interne Gemeinschaft des Verkaufens zu etablieren. Umso größer das Vertriebsteam, umso entscheidender das Gemeinschaftsgefühl. Bei der Firma Vorwerk beispielsweise treffen sich die Verkäufer regelmäßig zum Mittagessen, um ihre Erfolge und Misserfolge zu besprechen und voneinander zu lernen.

Jeder Verkäufer kennt das Gefühl, zehn Leute anzurufen und nur zwei zu erreichen, was den Tag zu einem miserablen Tag macht. Gemeinschaften können dabei helfen, diese Vertriebsgefühle zu kanalisieren und mit Misserfolgen und Enttäuschungen umzugehen. Die Verkäufer von Vorwerk bilden eine starke Gemeinschaft, die sich gegenseitig unterstützt und motiviert. Eine solche Gemeinschaft profitiert immens von ihrer Reichweite.

Doch Du brauchst kein eigenes riesiges Vertriebsteam, um diese Reichweite erhalten und nutzen zu können – beziehe Dein externes Netzwerk ein. Wenn Du als Selbständiger gut vernetzt bist und Dich mit Deinen Kontakten regelmäßig über Vertriebsstrategien, Erfolge und Misserfolge austauschst, wächst beispielsweise auch so Deine Vertriebskompetenz. Mit anderen Selbständigen kannst Du Dich über Frustrationen und Erfolge austauschen oder über Online-Foren und Facebook-Gruppen Kontakt suchen. Netzwerken muss also weder kompliziert noch komplex oder aufwendig sein. Du weißt im Voraus oft nicht, welche Art von Geschäftsbeziehung aus einem Kontakt entstehen kann, daher solltest Du keine Chance ungenutzt lassen. Es dreht sich alles darum, auf Menschen offen und ehrlich zuzugehen.

Von Offenheit und Ehrlichkeit handelt auch das nächste Kapitel. Denn beide Eigenschaften sind elementar, wenn es um die Ansprache von Problemen und Missständen geht.

URSULA LINDL

BERATERIN I MANAGERIN I MENTORIN

 Der Vertrieb braucht eine zahlen- und zielorientierte, emphatische und pragmatische Führung.

Ursula Lindl, eine versierte Beraterin, Managerin und Mentorin, hat eine außergewöhnliche Karriere hinter sich, die von Musik und Germanistik zu Betriebswirtschaft und schließlich in die TOP Führungsebene führender Unternehmen wie EDEKA, VEDES und METRO führte. Mit ihrer einzigartigen Kombination aus Kreativität und Geschäftssinn hat Lindl nicht nur die „gläserne Decke" durchbrochen, sondern auch die Rolle des Vertriebs in der Geschäftsstrategie neu definiert.

Nach ihrer Ansicht ist der Vertrieb der Schlüssel zur Kundenzufriedenheit und zum Erfolg eines Unternehmens. Er muss schnell, agil und fokussiert sein, um auf die sich ständig ändernden Marktbedingungen zu reagieren. Die Digitalisierung hat eine Verschmelzung von Marketing und Vertrieb erfordert, wobei technologische Innovationen und soziale Medien eine immer größere Rolle spielen.

Lindl glaubt, dass Führung im Vertrieb sowohl zielorientiert als auch empathisch sein muss. Sie betont die Bedeutung von Kommunikation, Wertschätzung und persönlicher Entwicklung, um ein erfolgreiches Vertriebsteam zu führen. Außerdem rät sie Führungskräften im Vertrieb, präsent und engagiert zu sein, sich auf ihre besten Mitarbeitenden zu konzentrieren und zu wissen, wann sie loslassen müssen.

Die Besonderheit an ihrer Branche sieht Lindl darin, dass sie sowohl B2B als auch B2C verkaufen muss. Diese Herausforderung erfordert zwei völlig unterschiedliche strategische Vertriebsstrukturen und Prozesse, die dennoch nahtlos in eine Wertschöpfungskette eingebunden sein müssen. Dies, so Lindl, ist die Kür im Vertriebsmanagement.

18
Die Themen richtig ansprechen

„Wenn ein unsichtbarer Elefant im Raum steht, wirst Du von Zeit zu Zeit unweigerlich über einen Rüssel stolpern", sagt die amerikanische Autorin Karen Jay Fowler.[103] Es ist essenziell, den Mund aufzumachen, um Missverständnisse und Missstände auszuräumen. Das gilt insbesondere für Vertriebler, die permanent denken sie müssten alles verkaufen, selbst gegenüber ihrem eigenen Team. Sie sind Meister darin, sich selbst im besten Licht zu präsentieren, auch wenn im vermeintlich Verborgenen Unzufriedenheiten schlummern.

Als Führungskraft muss ich in der Lage sein, die Signale meiner Mitarbeiter zu lesen und den Elefanten im Raum anzusprechen. Denn oft gibt es unangenehme Themen oder Probleme, die aus Angst oder Scham nicht angesprochen werden. Doch nur durch eine offene Kommunikation und das Ansprechen von unangenehmen Themen können wir gemeinsam Lösungen finden und ein besseres Arbeitsumfeld schaffen. Angenommen, ein Vertriebsmitarbeiter hat einen Kunden lange betreut und viel Zeit in die Beziehung investiert, aber der Kunde zeigt trotzdem kein Interesse am Abschluss eines Vertrags. Der Verkäufer könnte nun gegenüber seinem Team vorgeben, dass der Kunde weiterhin Interesse zeigt und der Vertrag kurz vor dem Abschluss steht. Er könnte sich hinter Floskeln wie „Wir sind in Kontakt" oder „Es gibt noch ein paar Details zu klären" verstecken, um seine Kollegen nicht zu enttäuschen oder als schlechter Verkäufer dazustehen. In dieser Situation ist es jedoch wichtig, ehrlich zu seinen Kollegen zu sein und ihnen die tatsächliche Situation zu schildern. Nur so kann das Team gemeinsam überlegen, wie man den Kunden möglicherweise doch noch überzeugen kann oder ob es sinnvoll ist, die Zeit und Ressourcen auf andere Kunden zu konzentrieren.

Eine ehrliche Kommunikation hilft dabei, die Zusammenarbeit im Team zu verbessern und letztendlich auch die Erfolgschancen im Vertrieb zu erhöhen. Meine persönliche Stärke liegt darin, dass ich jedem sage, was ich von ihm denke. Diese Offenheit hat schon oft dazu geführt, dass Mitarbeiter bei mir bleiben, weil sie sich verstanden fühlen und wissen, woran sie arbeiten müssen. Diese Ehrlichkeit räumt Unklarheiten aus dem Weg: Es löst auch die Unsicherheit bei meinen Mitarbeitern, die sich sonst oft fragen, wo ihre Führungskraft sie wirklich sieht.

Die merken, dass ihr Chef mit Entscheidungen hinterm Berg hält. Und die im Zweifelsfall denken, dass die Führungskraft nicht ehrlich mit ihnen ist, weil sie sich nicht traut, dem Mitarbeiter zu sagen, was er falsch macht. Ich teile meine Ansichten und Entscheidungen stets ehrlich mit meinen Mitarbeitern. Ich sage ihnen klipp und klar, wo ich sie sehe und wo nicht. Und wie ich ihre Entwicklung beurteile.

Offene Aussprache hat den zusätzlichen Vorteil, dass meine Mitarbeiter sich durch meine Ehrlichkeit darin unterstützt fühlen, selbst ehrlich mir gegenüber zu sein und Missstände, genauso wie neue Ideen, offen anzusprechen. Zugegeben, es haben auch schon Mitarbeiter das Unternehmen aufgrund meiner radikalen Direktheit verlassen, weil sie mit meiner Einschätzung nicht zurechtkamen. Doch ich bin überzeugt davon, dass Ehrlichkeit und Offenheit langfristig mehr bringt als oberflächliche Lobhudelei und das Verschweigen von Problemen. Natürlich musst Du dabei auch auf die Art der Rückmeldung achten und nicht einfach drauflospoltern. Es geht darum, konstruktive Kritik zu üben und gemeinsam Lösungen zu finden. Wenn Du das richtig machst, kannst Du eine offene Feedback-Kultur etablieren, in der alle von der ehrlichen Rückmeldung profitieren.

Ehrlichkeit ist die Grundlage guter Beziehungen

Durch meine Aufrichtigkeit und den frühzeitigen Dialog habe ich ein gutes Verhältnis zu meinen Mitarbeitern. Das liegt vor allem daran, dass ich sehr früh in den Dialog gehe. Änderungsvorschläge kommen bei mir nie aus heiterem Himmel. Ich bin keine Führungskraft, die ihre Mitarbeiter mit unvorhergesehenen Entscheidungen überrascht. Stattdessen nehme ich bei Veränderungen und dem Ansprechen von Missständen bewusst Anlauf, um sicherzustellen, dass niemand unvorbereitet ist. Das ganze Team erkennt also, wenn sich etwas zusammenbraut. Das tue ich bewusst. Demonstrativ Anlauf zu nehmen gibt mir auch die Möglichkeit, den Kurs zu ändern, wenn nötig abzubremsen und auf Reaktionen meiner Mitarbeiter zu reagieren.

Durch meine Aufrichtigkeit habe ich selbst zu vielen ehemaligen Mitarbeitern ein überraschend gutes Verhältnis. Das liegt daran, dass bei mir Kündigungen nur mit Ankündigung passieren. In der Regel wissen meine Mitarbeiter schon vor dem Kündigungsgespräch, wie die Lage aussieht. Wenn ich sie bitte, am Tag der Kündigung ins Büro zu kommen, fragen sie oft schon, ob sie ihren Laptop mitbringen sollen, um ihn dann gleich da lassen zu können. Ich bin davon überzeugt, dass mein offener und direkter Umgang mit meinen Mitarbeitern dazu beiträgt, ein gutes Verhältnis zu ihnen aufzubauen und zu pflegen.

Sie schätzen meine Ehrlichkeit und ich schätze ihre Fähigkeit, mit Veränderungen umzugehen und auf meine Anforderungen zu reagieren. Dies führt zu einer produktiven und effektiven Arbeitsumgebung, die für alle Beteiligten von Vorteil ist. In anderen Betrieben ist das anders. Ich nenne solche Betriebe mal Angsthasen-Unternehmen. Das sind Unternehmen, in denen die Führungskräfte nur schwer greifbar sind. Sie sind wenig mit den Mitarbeitern in Kontakt, lassen sich nur dazu herab, einmal alle Vierteljahre oder halbe Jahre ein Zielgespräch zu führen, in dem es auf einmal heißt: Du kannst gehen. In solchen Unternehmen wird der Mitarbeiter oft wie vom Blitz getroffen, wenn er plötzlich die Kündigung erhält. Er hatte keine Ahnung. Weil es keine Vorzeichen gab.

In meinem Unternehmen bin ich immer bemüht, meinen Mitarbeitern genug Vorwarnzeit zu geben, bevor es zu Konflikten oder Problemen kommt. Ich sehe es als meine Aufgabe, wie ein Meteorologe aufzutreten und frühzeitig Anzeichen für ein aufziehendes Unwetter zu erkennen und weiterzugeben. Wenn ich merke, dass ein Mitarbeiter in eine ungünstige Richtung segelt, weise ich ihn darauf hin und gebe ihm die Chance, seine Segel neu zu setzen. Aber auch wenn er meine Warnung nicht beachtet, gebe ich nicht auf und eskaliere die Warnstufe. Meine Mitarbeiter haben immer genug Zeit, um zu reagieren und ihre Strategie anzupassen, um einem Sturm auszuweichen.

Ehrlichkeit heißt auch, jemandem wenn nötig zu kündigen

Natürlich kann ich nicht ewig warten, bis sich der Mitarbeiter selbst entscheidet. Wenn die Zusammenarbeit einfach nicht zielführend ist, bleibt mir nichts anderes übrig, als ihm zu kündigen. Aber ich gebe ihm die Chance, vorher selbst aktiv zu werden und sein Schicksal zu gestalten. Oft führt das dazu, dass der Mitarbeiter selbst entscheidet seine Stelle zu wechseln.

Das liegt auch daran, dass bei uns eine positive Stimmung herrscht. Eine Stimmung der Veränderung, die zum Besten für alle Beteiligten gestaltet wird. Und nicht eine Stimmung der Trennung und des Negativen. Natürlich geht eine Anstellung zu Ende, aber eben als Teil eines Veränderungsprozesses, der letztendlich zum Besten für alle Beteiligten gestaltet wird. Weil der Mitarbeiter die Chance hat, sein Schicksal selbst zu gestalten. Als Führungskraft finde ich es wichtig, meinen Mitarbeitern wenn möglich auch beim nächsten Schritt zu helfen.

Ich empfehle ehemalige Mitarbeiter wann immer möglich an andere Unternehmen weiter. Ich hatte beispielsweise einen Mitarbeiter, der ein hervorragender Berater war, aber große Schwierigkeiten hatte, Kunden zum Geschäftsabschluss zu bewegen. Trotz Trainings und Coaching wurde es einfach nicht besser – Vertrieb war einfach nicht seine Stärke. Da ich ihn aber als Person und seine Beratungsfähigkeiten schätzte, sprach ich ihm eine Empfehlung aus. Ich wusste von einem Betrieb, der eine reine Beratungstätigkeit anbietet, bei der Vertrieb keine Rolle spielt.

Dieser Mitarbeiter ist inzwischen dankbar, dass er von den ihm lästigen Vertriebsaufgaben befreit wurde. Dieser Mitarbeiter hätte selbst nie gekündigt. Er war sehr jung, als er bei mir anfing. Junge und ehrgeizige Menschen beißen sich manchmal so sehr durch, dass sie gar nicht daran denken, dass eine Kündigung eine legitime Option ist. Auch Führungskräfte trauen sich oft nicht, eine Kündigung auszusprechen. Niemand teilt einem Mitarbeiter gerne mit, dass er das Unternehmen verlassen soll – viele Führungskräfte zögern eine Kündigung heraus und drücken sich vor der direkten Aussprache, indem sie Dritte einbinden oder eine Kündigung nur schriftlich mitteilen.[104] Eine unausgesprochene Kündigung führt zu einer durch und durch verfahrenen Situation. Denn einer von beiden muss es ja tun, sonst werden oder bleiben beide unglücklich.

Ich glaube, dass es erlösend sein kann, wenn die Klarheit durch eine Entscheidung hergestellt wird. Wenn die Katze endlich aus dem Sack ist. Das führt auch dazu, dass es weniger Emotionen gibt. Die ganze Anspannung und Aufregung aufgrund der Unsicherheit, was nun genau bevorsteht, fällt ab. Diese Erleichterung solltest Du Dir bewusst machen, wenn Du Dich das nächste Mal überwinden musst, ein unangenehmes Gespräch zu führen. Mit der Kraft zur Überwindung, Risikobereitschaft und vor allem Mut befassen wir uns auch im nächsten Kapitel.

TIMO ABID

GESCHÄFTSFÜHRER 8BLACK GMBH

Der Vertrieb war und ist der wichtigste
Erfolgstreiber in all meinen Gründungen und
Beteiligungen. Ohne Vertrieb kein Wachstum.
Ohne Wachstum kein Erfolg.

Timo Abid blickt mit seinen 36 Jahren bereits auf eine beeindru-ckende Karriere im digitalen Marketing zurück. Mit gerade einmal 20 Jahren gründete er eine Agentur, formte diese zur Agenturgruppe und verkaufte sie dann erfolgreich an Private Equity. Heute agiert Timo als Advisor, Investor und Beirat.

Abid betont, wie wichtig der Vertrieb für den Erfolg eines Unternehmens ist und beschreibt die Verkaufs- und Vertriebs-entwicklung der letzten zehn Jahre in drei Schlagworten: frag-mentiert, kompetitiv und crossmedial. Er erklärt, dass erfolg-reiche Unternehmen die relevanten Touchpoints über unter-schiedliche Kanäle nutzen und dabei Struktur, Messbarkeit und Datenhoheit entscheidend sind.

Führung ist für Timo Abid, insbesondere im Vertrieb, von großer Bedeutung. Er rät Führungskräften, ihre vertriebliche An-sprache individuell auf das gewünschte Ziel abzustimmen und Lösungen für vorhandene Probleme oder Schwächen aufzuzei-gen.

Sein erfolgreichstes Projekt im Vertrieb war der Verkauf seiner Agentur an Private Equity. Jungen Vertriebsmitarbeiten-den empfiehlt er, sich klare Ziele zu setzen und mit Fleiß, Diszi-plin und Leidenschaft die eigene Karriere voranzutreiben.

Laut Timo Abid sind die Kennzeichen eines erfolgreichen Vertriebsmanagements eine klare Methodik und auf den Ver-triebsprozess abgestimmte KPIs, die kontinuierlich gemessen und optimiert werden. Er betont, dass branchenübergreifend re-levante Parameter ähnlich sind und ein jeder dazu neigt, die eigene Branche als die schwierigste anzusehen.

19
Veränderung braucht Mut

Wenn ich Veränderungen in meinem Unternehmen durchführen möchte, ist es wichtig, dass ich mir zunächst eingestehe, dass es nicht optimal läuft. Sich selbst Fehler einzugestehen erfordert Mut und Selbstbewusstsein. Ebenso wie die Überwindung, die Situation zu ändern. Viele Führungskräfte wissen genau welche Probleme in ihrem Unternehmen schon seit Jahren bestehen, sie finden nur immer wieder Ausreden, warum es zum Beispiel zu teuer wäre diese Probleme zu beheben. Dabei kannst Du schon mit kleinen Veränderungen eine starke Hebelwirkung entwickeln.

Es ist wichtig, sich das gesamte Team inklusive der Geschäftsleitung und das Geschäftsmodell an sich genau anzuschauen und zu überlegen, wo ich am effektivsten eine Veränderung erreichen kann. Wo würde eine kleine Veränderung große positive Folgen mit sich bringen? Stichwort Pareto-Prinzip oder 80/20-Regel: 20 Prozent der eigentlichen Tätigkeiten liefern 80 Prozent der Ergebnisse. Es gilt, diese 20 Prozent zu identifizieren und sich auf diese zu konzentrieren, um maximale Effizienz zu erzielen.[105] Die Herausforderung besteht also zunächst darin, den geeigneten Ansatzpunkt zu finden: Wo kannst Du selbst mit Deinen eigenen Mitteln und Deinem gesunden Menschenverstand einen Schritt vorwärtskommen? Eine kleine Veränderung an einem kritischen Punkt kann oft einen großen Effekt haben. Zum Beispiel beim E-Mail-Marketing: oft reicht es schon aus, den Betreff der E-Mail zu ändern, um die Öffnungsrate signifikant zu steigern. Ein weiteres Beispiel ist die Verbesserung des Kundenservice: hier kann schon die Verkürzung der Wartezeiten am Telefon eine große Wirkung auf die Kundenzufriedenheit haben.

Wenn Du Veränderungen implementierst, sollten sie schnell und einfach umsetzbar sein und gleichzeitig den Vertrieb nicht stören. Oft funktionieren zumindest einige Abläufe gut und es ergibt wenig Sinn, die gesamte Struktur umzuwerfen und komplett neu zu denken. Konzentriere Dich stattdessen auf die Bereiche und Abläufe, die wirklich nicht stimmig laufen. Dieser Ansatz ist vergleichbar mit einem Garten, der halbwegs in Ordnung ist. Anstatt mit dem Bulldozer anzukommen und erstmal alle Pflanzen platt zu machen, konzentriere ich mich auf die Stellen, an denen Unkraut wuchert oder Pflanzen nicht richtig gedeihen. Ich entferne das Unkraut und gebe den Pflanzen, die es brauchen, mehr Wasser oder Dünger. Auf diese Weise verbessere ich gezielt die Bereiche, die nicht optimal sind, ohne den gesamten Garten auf den Kopf zu stellen. So wie ich in einem Garten nur die Pflanzen austausche, die es brauchen, konzentriere ich mich im Vertrieb nur auf die Bereiche, die einer Verbesserung bedürfen. Passend dazu sagte schon Victor Hugo, der französische Autor und Politiker: „Ändere Deine Meinung, bleibe Deinen Prinzipien treu; ändere Deine Blätter, bleibe Deinen Wurzeln treu."[106]

Eine weitere Hürde stellt die Kommunikation während des Veränderungsprozesses für viele dar. Du solltest immer transparent mit Deinem Team und Deinen Kunden kommunizieren. Veränderungen müssen an- und durchgesprochen werden, damit sie von allen Beteiligten verstanden werden und nicht zu Verwirrungen oder Widerständen führen. „Die Ankündigung ist der einfache Teil; sie lässt den Manager mutig und entschlossen erscheinen. Die Umsetzung ist schwieriger, denn egal wie gut und überzeugend die Daten sind, es wird immer aktiven und passiven Widerstand, Rationalisierungen, Debatten und Ablenkungen geben – insbesondere wenn die Veränderungen neue Arbeitsweisen oder schmerzhafte Einschnitte erfordern. Um dies zu bewältigen, müssen sich die Führungskräfte die Hände schmutzig machen, ihre Teams zu Entscheidungen bewegen und sich manchmal mit widerspenstigen Kollegen auseinandersetzen – nichts davon kann an Untergebene oder Berater delegiert werden", formulieren es die Berater und Autoren Ron Ashkenas und Rizwan Khan im Harvard Business Review.[107] Behalte bei Änderungsprozessen, die den gesamten Vertrieb betreffen, daher Deine Rolle als Unterstützer und Umsetzer im Blick. In jedem Fall ist es wichtig sich bewusst zu machen, dass Veränderungen Zeit und Mühe erfordern. Aber wenn Du bereit bist, die notwendigen Schritte zu unternehmen, wirst Du das Potenzial Deines Unternehmens stets freilegen.

Das Risiko zu scheitern akzeptieren

Veränderungen alleine reichen nicht aus. Du brauchst auch die Bereitschaft Rückschläge zu akzeptieren und aus ihnen zu lernen. Oft zeigen Veränderung nicht sofort den gewünschten Effekt. Dann ist es wichtig, nicht gleich wieder in alte Muster zurückzufallen, sondern dranzubleiben und die Veränderung gezielt anzupassen. Es ist normal, dass Du unter Umständen zunächst Umsatzeinbußen hinnehmen musst, bevor Du wieder erfolgreicher wirst. Diesen Druck musst Du aushalten können.

Es kann auch vorkommen, dass Dir Kunden oder Mitarbeiter mitteilen, dass sie die Veränderungen nicht gutheißen. In einer solchen Situation erfordert es Selbstbewusstsein und Beharrlichkeit, bei Deiner Entscheidung zu bleiben. Es kann passieren, dass Du sogar Mitarbeiter verlierst, weil sie sich mit dem veränderten Unternehmen nicht mehr identifizieren können. Unter Umständen hast Du dann Leerstellen. Viele Unternehmen haben Angst davor, nicht alle Positionen ständig besetzt zu haben. Dabei vergessen sie, dass Vollbesetzung oftmals auch bedeutet, nicht nur begeisterte und engagierte Mitarbeiter im Team zu haben, sondern eben auch unmotivierte und festgefahrene Mitarbeiter. Doch wie der langjährige HR-Manager bekannter Casinos in den USA, Arte Nathan, sagt: „Man kann Mitarbeitern das Lächeln nicht beibringen. Sie müssen lächeln, bevor man sie einstellt."[108]

Ich sehe Leerstellen daher als Chance, um meine Mannschaft zu verstärken. Ich möchte keine Armee von begeisterungsunfähigen Mitarbeitern in meinem Unternehmen haben, sondern eine Mannschaft, die aus Gewinnern besteht. Denn Gewinner ziehen Gewinner an. Deshalb benötige ich als Führungskraft den Mut, Abläufe, Modelle und Vorgehensweisen zu verändern, auch wenn das bedeutet, dass manche auf der Strecke bleiben. Wenn Du schwache Entscheidungen triffst, hinter denen Du nur halbherzig stehst, hat das Auswirkungen auf das gesamte Team. Die erstklassigen Mitarbeiter verlassen das Team, da sie keine Zukunft in einem müden Unternehmen sehen, und zurück bleiben nur die bequemen Mitarbeiter, die sich nicht trauen, selbst zu kündigen. Deshalb muss ich mutig sein, Veränderungen anstoßen und geduldig bleiben, um die Früchte meiner Arbeit genießen zu können.

Als Unternehmer musst Du jeden Tag aufs Neue Deine Risikoscheu überwinden, um starke Entscheidungen treffen zu können. Führe Dir vor Augen, welche Meilensteine Du in der Vergangenheit bereits ausschließlich aufgrund mutiger Entscheidungen erreicht hast. Damit verdeutlichst Du Dir selbst, dass Du auch in der Gegenwart ähnlich mutige Entscheidungen treffen kannst und musst, um weiterzukommen. Male Dir auch aus was passiert, wenn Du jetzt keine Veränderung anstößt. Denn auch Nicht-Handeln kann riskant sein. Der Mode-Händler Adler beispielsweise hat im zweiten Pandemie-Jahr Insolvenz angemeldet, weil sie nicht in der Lage waren, einen erfolgreichen Onlineshop aufzubauen und ihre Mode zunehmend als veraltet empfunden wurde.

Die Strukturen und Kompetenzen im Unternehmen fehlten. Sie waren also schon vor der Pandemie nicht bereit, das nötige Risiko zu Veränderungen einzugehen oder den Mut für Veränderungen oder die nötigen Investitionen aufzubringen. Ihr Zögern und Hadern hat ihren Weg in den Konkurs geebnet.[109] So war die Pandemie nicht der Auslöser, sondern nur der finale Todesstoß. Wer zögert und die Überwindung scheut oder zu bequem für notwendige Veränderungen ist, wird die Folgen seiner Untätigkeit tragen müssen. Wenn Dir die Überwindung zu einer Entscheidung schwerfällt, führe Dir stets vor Augen, was es bedeuten oder kosten würde, nicht zu handeln oder die Entscheidung hinauszuzögern.

Der Mut, Kunden abzulehnen

Hand aufs Herz: Wie oft hattest Du schon ein schlechtes Gefühl mit einem Auftrag oder Kunden, aber hast ihn angenommen, weil Du den Umsatz brauchtest? Nicht jedes Geschäft oder jeden Kunden annehmen zu müssen, ist ein Zeichen von Qualitätsbewusstsein. Aber auch ein Luxus, den Du Dir nur leisten kannst, wenn Du einen großen Vertrieb oder ein entsprechendes Netzwerk besitzt. Auch ein kleiner Betrieb mit starken Umsatzzahlen kann es sich leisten, sich die passendsten Kunden herauszupicken. Die Fähigkeit, Kunden ablehnen zu können, kann ein entscheidender Faktor für den Erfolg eines Unternehmens sein.

Und erfordert ebenso wie die Überwindung, Mut und Konsequenz. Es geht darum, klare Kriterien zu entwickeln, anhand derer Du entscheidest, welche Kunden Du bedienen möchtest und sich daran zu halten. Komme, was wolle. Es kann sein, dass bestimmte Branchen oder Geschäftspraktiken nicht mit den Werten und Zielen des Unternehmens übereinstimmen. Es kann auch sein, dass bestimmte Kunden eine zu hohe Risikobewertung haben und das Unternehmen einem unnötigen Risiko aussetzen würden. Durch eine klare Positionierung und Abgrenzung kannst Du Dich auf die Kunden konzentrieren, die zu Deinem Unternehmen passen und bei denen Du Deine besondere Expertise zeigen kannst.

Nur indem Du bereit bist, auch Kunden und Aufträge abzulehnen, kannst Du im Laufe der Zeit Deine Erfolgsnische finden und Deine Vertriebskompetenz auf diese perfektionieren. Dies kann letztlich dazu beitragen, dass Du besser auf die Bedürfnisse der Kunden eingehen kannst und so eine höhere Kundenzufriedenheit und -bindung erreichst. Es gibt viele Unternehmen, die sich bewusst dafür entscheiden, bestimmte Kunden oder Branchen nicht zu bedienen. So entschloss sich beispielsweise das Unternehmen Birkenstock 2017, Amazon nicht mehr zu beliefern. Das ikonische Schuhunternehmen wollte nicht länger zusehen, dass auf der Onlineplattform gefälschte Birkenstock-Sandalen angeboten wurden. Birkenstock hatte

Amazon wiederholt gebeten, gegen Produktpiraterie vorzugehen, und beschloss schließlich, sich von dem Marktplatz ganz zurückzuziehen, um ihre Marke zu schützen.[110] Diese Entscheidung zeugte von Mut und Klarheit. Die Geschäftsführung stellte das Bewusstsein für die eigene Marke über die Bequemlichkeit und einen möglichen höheren Umsatz aus Amazonverkäufen. Dafür gelten Birkenstocks heute als unverzichtbares Lifestyle-Accessoire für den Sommer.

HELLMUT KRUG

DFB SCHIEDSRICHTEREXPERTE

„ Das Thema „Vertrieb" war für mich in der Tätigkeit als Fußball-Schiedsrichter insofern von sehr hoher Relevanz, als dass es nicht allein damit getan war, auf dem Fußballplatz in Sekundenbruchteilen die richtigen Entscheidungen zu treffen. Die richtigen Entscheidungen muss ich in einer Form „verkaufen", dass sie auf Akzeptanz stoßen. „

Hellmut Krug, ein ehemaliger Fußball-Schiedsrichter von Welt-rang, verbrachte über drei Jahrzehnte auf dem Spielfeld, gefolgt von 15 Jahren in der Schiedsrichterführung. Krug, der viele Re-formen im Schiedsrichterwesen einleitete, darunter das Schieds-richter-Coaching-System, sieht vor allem eine Parallele zwischen dem Vertrieb und seiner Rolle als Schiedsrichter. Er betont, dass es nicht nur darum geht, korrekte Entscheidungen zu treffen, sondern auch darum, diese Entscheidungen effektiv „zu verkau-fen", um Akzeptanz zu finden.

Mit der steigenden Dominanz von Social Media und der Neigung zur Schau von menschlichen Fehlern besteht eine wachsende Notwendigkeit, Entscheidungen auf eine Weise zu präsentieren, die kaum Widerspruch zulässt. Krug glaubt, dass Führungskompetenzen im Vertrieb von grundlegender Bedeu-tung sind. Für ihn sind effektive Vertriebsmanager diejenigen, die über Fachkompetenz, Analysefähigkeit und die Fähigkeit, Kritik konstruktiv zu nutzen, verfügen.

Krug gibt jungen Vertriebsmitarbeitenden, die ihre Karriere gerade erst starten, den Rat, niemals aufzuhören zu lernen, offen für Feedback zu sein und einen positiven Umgang mit Kritik zu pflegen. Er betont, dass der Schlüssel zum Erfolg im Vertrieb in der Fähigkeit liegt, Entscheidungen überzeugend zu präsentieren und damit sowohl Kollegen als auch Kunden mitzu-nehmen.

20
Fazit: So optimierst Du Deinen Vertrieb richtig

In meiner Karriere als Verkäufer und Vertriebschef habe ich gelernt, dass neue Projekte und Ideen unerlässlich sind, um Deinen Vertrieb voranzutreiben und den Erfolg zu maximieren. Stagnation und Stillstand solltest Du niemals akzeptieren. Eine Deiner Hauptaufgaben als Führungskraft besteht darin, neue Impulse zu geben, um Deinen Vertrieb stets zu verbessern. „Das Leben beginnt dort, wo Deine Komfortzone aufhört", sagt passenderweise der amerikanische Autor und Schauspieler Neale Donald Walsch.[111] Auch ein erfolgreicher Vertrieb beginnt dort, wo Deine eigene Komfortzone und die Deiner Verkäufer aufhört. Dieses Buch hat Dir hoffentlich einige Anregungen und Inspiration geschenkt, um Deinen Vertrieb von Grund auf neu zu denken und besser zu strukturieren.

Hier findest Du noch einmal eine Zusammenfassung der wichtigsten Erkenntnisse und Lektionen dieses Buches:

- Als Geschäftsführer oder Gründer bist Du der erste Verkäufer Deines Unternehmens. Indem Du Vertrieb zur Chefsache erklärst, bist Du näher am Markt und an Deinen Kunden. So kannst Du besser und schneller verstehen, wie Du sie am besten ansprichst.

- Der Vertrieb ist das Herzstück eines jeden erfolgreichen Unternehmens. Er ist mit allen anderen Abteilungen verknüpft und versorgt sie mit Budget wie ein Herz Organe und Muskeln mit Blut. Vertrieb im Zentrum Deines Handelns führt dazu, auch den Kunden ins Zentrum Deiner Betrachtungen und Entscheidungen zu stellen. Bedenke bei der Entwicklung Deines Unternehmens daher stets den Customer Lifetime Value und stelle Dich als Chef stets hinter Deine Produkte und Deine Firma, um sie nicht nur zu verwalten, sondern zu verkörpern. Du wirst erkennen, dass erfolgreicher Vertrieb auch darin besteht, die Werte des Unternehmens nach innen zu verkaufen. Mit dem Vertrieb in der eigenen Hand behältst Du auch die Kontrolle über die Entwicklung des Unternehmens.

- Die Finanzierung über Fremdkapital kann zwar kurzfristig das Überleben Deines Unternehmens garantieren, aber keinen echten Vertrieb ersetzen. Langfristig entscheidet eine organisch gewachsene Vertriebsstrategie über den Erfolg Deines Unternehmens.

- New-Work-Methoden sind ebenso wenig Allheilmittel wie Managementweisheiten oder -trends. Auch wenn der ein oder andere Ansatz gerade in aller Munde ist, solltest Du mit gesundem Menschenverstand prüfen, was Du daraus mitnehmen, sinnvoll umsetzen kannst und was unter Umständen schon in Deinem Team vorhanden ist und angewendet wird. Aber wirf nicht Dein bisheriges Vorgehen zugunsten einer angesagten Methode, Denkweise oder eines Trends um. Hinterfragen und reflektieren ist notwendig, alles regelmäßig neuzudenken und von Null anzufangen eher hinderlich.

- Wertschätzungsvertrieb klingt nicht so spannend wie New Work, aber Wertschätzung ist wesentlich essenzieller für langfristigen Vertriebserfolg. Du als Chef solltest nicht nur Wertschätzung für Deine Kunden oder Produkte übrig haben, sondern vor allem für Deine Verkäufer und deren Arbeit. Die Wertschätzungskette beginnt bei Dir, sodass Deine Mitarbeiter ihre eigene Arbeit wertschätzen und schließlich auch den Kunden. Diese Kette führt letztlich zu gestiegener Kundenzufriedenheit und Mitarbeitermotivation und wird zum Kreislauf, da Deine Kunden Dir und Deinem Unternehmen wiederum mehr Wertschätzung entgegenbringen werden.

- Derartige Kundenzufriedenheit resultiert schließlich in Kundenloyalität. Als Unternehmer kannst Du diese steigern, indem Du selbst Situationen, die üblicherweise zu Frustration führen wie Retouren und Beschwerden zu Deinen Gunsten nutzt und dem Kunden beweist, wie wichtig er Dir ist. Indem Du Dich am Customer Lifetime Value orientierst, erkennst Du, wie sich Investitionen in Deine Kundenbeziehungen langfristig auszahlen.

- Ein guter Vertriebsmitarbeiter zeichnet sich durch eine klare Wertebasis, hohe Disziplin und ein positives Mindset aus. Fleiß schlägt am Ende Talent, denn ein fleißiger Mitarbeiter wird sich stetig weiter verbessern und so jeden, der sich auf seinem Talent oder Erfolg ausruht, überrunden.

- Dein Vertrieb benötigt die passende Struktur. Durch klare Regeln – am besten festgehalten in Form einer Regel-Bibel – wissen Deine Mitarbeiter, wie sie im Sinne und zu Gunsten des Unternehmens vorgehen müssen. Außerdem werden ihnen unnötige Entscheidungen abgenommen, sodass sie sich ganz auf ihre Aufgabe konzentrieren können: den Vertrieb. Ein System schafft zuverlässige Ergebnisse, ermöglicht zielorientierte Planung sowie Qualitätssicherung und fördert das Vertrauen Deiner Kunden und Mitarbeiter in Dein Unternehmen. Checklisten helfen Dir und Deinen Verkäufern, Verkaufsprozesse in gleichbleibender Qualität zu gestalten und vereinfachen das Vorgehen.

- Um Deine Mitarbeiter gut anleiten zu können, musst Du ihre Beweggründe verstehen. Dafür lohnt es sich, sich mit den unterschiedlichen Erwartungen der heutigen Mitarbeitergenerationen auseinanderzusetzen. Durch eine aktive Feedback-Kultur, kontinuierliche Weiterbildungsmaßnahmen, regelmäßige Herausforderungen und klare Zielvorgaben bringst Du Dein Vertriebsteam auf das höchstmögliche Leistungsniveau.

- Du bist nur so stark wie Dein Netzwerk. Deswegen ist es als Chef und erster Verkäufer entscheidend, aktiv zu netzwerken. Durch den Aufbau eines starken Netzwerkes unterstützt Du Deine Mitarbeiter, lernst potenzielle Kunden und Geschäftspartner kennen und erhältst Zugang zu zusätzlichen Ressourcen.

- Weiterentwicklung erfordert Veränderung und Veränderung braucht stets Mut: Mut, wichtige Themen in Deinem Team offen anzusprechen, auch wenn es unangenehm ist. Mut, neue Ideen auszuprobieren, um frischen Wind in Deinen Vertrieb zu bringen. Mut, Dich selbst zu überwinden und Deine Risikoscheu abzulegen. Und Mut, die Kunden abzulehnen, die nicht zu Dir und Deinem Angebot passen, um Dich auf die Kunden zu fokussieren, denen Du mit Deiner Expertise einen Mehrwert liefern kannst und die gerne immer wieder bei Dir kaufen werden.

Zum Abschluss möchte ich noch ein paar Erfolgsgeschichten aus meiner Erfahrung als Vertriebsberater mit Dir teilen, um Dich zu motivieren, spätestens mit dem Beenden dieses Buches Deinen Vertrieb in die eigene Hand zu nehmen.

Erfolgsstories aus meiner Praxis als Berater: Wie Unternehmensberatung Dich bei Optimierungsprozessen unterstützen kann

Das Problem klassischer Unternehmensberatung ist, dass sie Unternehmern nur erklären, welche Probleme sie haben. Dabei erscheinen die Probleme nur größer, wenn sie auf einmal im Rampenlicht stehen. Gelöst sind sie dadurch noch nicht. Ich bin kein Fan ausschweifender Problemanalysen. Vielmehr sehe ich meine Aufgabe als Berater darin, gemeinsam mit meinen Kunden Lösungen zu erarbeiten und umzusetzen. Denn eine bloße Aufzählung von Problemen ohne konkrete Lösungsansätze bringt kein Unternehmen voran.

Dafür setzen wir bei der Epple Consulting GmbH auf einen bestimmten Ansatz: Zunächst betrachten wir die Struktur des Unternehmens und optimieren sie, um die Effektivität zu steigern. Anschließend erzeugen wir künstliche Stresssituationen, um gemeinsam mit unseren Kunden Lösungen zu erarbeiten und die entscheidenden Werkzeuge zur Verfügung zu stellen. Auf diese Weise kann jeder Kunde, unabhängig davon, ob die Herausforderung künstlich herbeigerufen oder real ist, auf unsere Methoden zurückgreifen und gezielt Lösungen finden.

Ich glaube, dass eine effiziente Problemanalyse am besten durch eine enge Zusammenarbeit mit allen relevanten Gruppen in und außerhalb des Unternehmens gelingt. So lassen sich unterschiedliche Perspektiven einbeziehen und mögliche blinde Flecken bei der Identifikation von Problemen minimieren. Dafür nutzen wir beispielsweise das Ask-the-fish-Modell[112], bei dem wir Mitarbeiter und Kunden eines Unternehmens befragen, um deren Sicht auf das Unternehmen zu erfahren und herauszufinden, wie das Unternehmen wahrgenommen wird. Diese drei Parteien besitzen erfahrungsgemäß ein jeweils unterschiedliches Bild. Die Geschäftsführung ist oft der Meinung, dass Kunden ihre Produkte aufgrund eines Grundes kaufen, den sie selbst toll finden. Die Geschäftsführung eines Unternehmens, mit dem wir zusammengearbeitet haben, sagte zum Beispiel: „Unsere Kunden kaufen unsere Produkte, weil wir super innovativ sind." Als wir 15 Mitarbeiter und 15 Kunden des Unternehmens befragten, erhielten wir ein ganz anderes Bild. Die Mitarbeiter sagten: „Unser Kunden kaufen unsere Produkte, weil wir am schnellsten liefern." Und die Kunden sagten: „Wir kaufen die Produkte, weil das Unternehmen als einziges liefern kann."

Als Unternehmensberatung ist es uns wichtig, dass unsere Kunden nicht nur wissen, welche Probleme es in ihrem Unternehmen gibt – in diesem Fall beispielsweise falsche Annahmen zur Kaufmotivation – sondern auch, wie man diese verbessern kann. Durch die Analyse dieser unterschiedlichen Perspektiven – Innovation versus Lieferschnelligkeit versus Liefervermögen – konnten wir das Unternehmen besser verstehen und die Marke entsprechend neu ausrichten.

Ein Vorteil unserer realitätsbezogenen Messungen ist, dass sie keine aus der Luft gegriffenen Interpretationen sind. Wir arbeiten mit Daten und Fakten. Das hier aufgeführte Unternehmen hat die Ergebnisse unserer Analyse genutzt, um neue Kunden schneller und effektiver zu überzeugen. Sie konzentrieren sich nun darauf, zu kommunizieren, dass sie die schnellsten und zuverlässigsten Lieferanten sind. Statt über die Innovation ihrer Produkte zu schwafeln, kommen sie direkt zum Punkt und beginnen ihre Unternehmenspräsentation mit: „Wir sind die, die liefern können."

Durch diese Ausrichtung konnte das Unternehmen den gesamten Vertriebsprozess verkürzen und eine Umsatzsteigerung von 40 Prozent erzielen – noch im Jahr unserer Begleitung. Um Dein Unternehmen erfolgreicher zu machen, musst Du erst einmal verstehen, warum Deine Kunden wirklich kaufen. Oft ist es schwierig, diese Frage von innen heraus zu beantworten, da Betriebsblindheit und persönliche Vorlieben eine klare Sichtweise verhindern können. Wir setzen daher auf eine ehrliche und unvoreingenommene Betrachtung von außen, um die wahren Kaufgründe zu ermitteln. Anhand der Berücksichtigung verschiedener Perspektiven können wir die Kommunikation gezielt auf die Benefits des Unternehmens ausrichten und dadurch neue Kunden überzeugen. Bei dem Beispielunternehmen haben wir das Lieferversprechen in die Signatur eingebunden: „Wir liefern innerhalb von 6 Wochen. Garantiert." Durch diese klare Kommunikation konnten wir die Verkaufszahlen weiter steigern.

Oftmals gibt es eine Diskrepanz zwischen dem, was das Unternehmen anstrebt, und dem, was die Kunden wirklich wollen. Wenn der Vorstand zum Beispiel das Ziel bestimmt, Innovationsführer sein zu wollen, musst Du Dir die Frage stellen: Ist Innovation für unsere aktuellen Kunden ein Hauptkaufgrund? Oder sollten wir uns mit einer Innovationsstrategie auf eine andere Kundengruppe ausrichten, für die ein bahnbrechend neues Produkt tatsächlich interessant ist?

Es gibt immer zwei Facetten: Einerseits, wie Du gerne wärst als Unternehmen. Und andererseits, wie Du tatsächlich bist und wahrgenommen wirst von Deinem Umfeld. Es kommt darauf an, diese beiden Facetten aufeinander abzustimmen. Ein Bankkunde beauftragte uns seinen Kunden-Traffic im Privatkundenbereich zu erhöhen. Wir fanden heraus, dass die Mitarbeiter nicht wussten, wie sie die Privatkunden am besten ansprechen sollten. Die Geschäftsführung hatte zwar vorgegeben, über welche Themen die Mitarbeiter sprechen sollten, aber dem Mitarbeiter war es unangenehm, diese Themen am Telefon zu besprechen und taten es deshalb nicht. Es handelte sich also um ein ganz pragmatisches Problem. Ein anderes Beispiel: ein Autohändler, der einen technisch fantastischen Prozess hatte, um Kunden zu kontaktieren. Allerdings verpuffte der Glanz des Prozesses beim persönlichen Gespräch vollkommen.

Als wir die Kunden befragten, sagten sie übereinstimmend, dass sie den technischen Prozess fabelhaft fanden, aber die Beratung unterirdisch war. Wenn das Unternehmen selbst Kunden befragt hatte, hatte es immer nur nach der Bewertung des technischen Prozesses gefragt. Worauf es natürlich stets die Antwort erhalten hatte, dass es der beste Prozess aller Zeiten wäre. Also sahen sie keinen Handlungsbedarf. Nur war die Befragung eben nicht zu Ende gedacht. Wir konnten das Unternehmen auf diesen blinden Fleck aufmerksam machen, weil wir von außen draufschauten und mehrere Perspektiven einbezogen. Du kannst Deine eigenen toten Winkel nicht sehen – sonst wären es ja keine toten Winkel.

In solchen Beratungsfällen ist es mir immer wichtig, die Geschäftsführung zu integrieren, sodass diese die Lösung mit den Mitarbeitern bespricht. Anstatt dass wir als Berater von außen kommen und eine externe Lösung einfach „überstülpen". Es geht nicht darum, Fehler der Geschäftsführung aufzudecken oder diese auszutauschen, sondern darum, das Unternehmen und sein Team als eine Einheit zu entwickeln. Wir geben die Impulse, die die Geschäftsleitung gemeinsam mit ihrem Team umsetzen kann. Bei dem angesprochenen Autohändler schlug der Geschäftsführer vor, die Fragen in der Aftersales-E-Mail anzupassen. Das Team fragte in ihren Aftersales-Mails die Kunden nun zuerst danach, wie sie die Beratung fanden, und gingen anschließend auf den technischen Prozess ein.

Eine scheinbar kleine Anpassung mit großer Wirkung, denn jetzt hatte das Vertriebsteam den gesamten Verkaufsprozess im Blick, und nicht nur die technische Seite. Somit schließt sich letztlich der Kreis, denn Vertriebsoptimierung verlangt immer nach einer ganzheitlichen Perspektive. Gerade weil alle anderen Abteilung auf die Erfolge des Vertriebsteams aufbauen und Vertrieb seine Reichweite auf alle anderen Unternehmensbereiche ausstreckt, ist er das Herzstück Deines Unternehmens.

Willst Du auch kommende Krisen gut überstehen, führt Dich deshalb kein Weg daran vorbei: Du musst den Vertrieb zur Chefsache machen. Wenn Du das jetzt umsetzen willst, dann melde Dich gerne bei mir und wir schauen gemeinsam, wie Du dies auch bei Dir im Unternehmen effektiv umsetzen kannst:

DANIEL WEINER

GESCHÄFTSFÜHRER & GRÜNDER
STUDYHELP GMBH

"

Es gibt nichts Wichtigeres in unserem Unternehmen. Marketing und Vertrieb stehen an erster Stelle. Das zeigt sich auch in unserer Gehaltsstruktur, unserer Power und allem, was wir tun. Wir verkaufen das Produkt, bevor wir es herstellen. Schließlich ist ein Produkt, das sich nicht verkauft, nicht relevant und unnütz. Diese Arbeit muss man sich so früh es geht sparen.

"

Daniel Weiner, CEO und Gründer der StudyHelp GmbH, sieht Vertrieb und Marketing als den Kern seiner Unternehmenstätigkeit. Mit den zusätzlichen Marken ForwardVerlag und VillaStartup hat Weiner eine beeindruckende Präsenz in der Startup-Welt aufgebaut, mit einem Fokus auf rasche Produktentwicklung und effektives Vertriebsmanagement. Für Weiner ist die Vertriebsorientierung entscheidend. „Wir verkaufen das Produkt, bevor wir es herstellen", betont er. Dies unterstreicht die Notwendigkeit, Produkte zu entwickeln, die einen echten Marktbedarf erfüllen. Die Rolle der Führung ist für ihn ebenso entscheidend, insbesondere im Vertrieb. Durch effektive Führung sorgt er dafür, dass seine Teams auf die richtigen Ziele fokussiert sind und motiviert bleiben.

Sein Ratschlag an andere Führungskräfte im Vertrieb ist, engen Austausch mit ihren Teams zu pflegen und Strategien zu entwickeln. Eines seiner erfolgreichsten Projekte betont Weiners Ansatz zur Geschwindigkeit und Produktentwicklung: Ein Lernheft, das in Zusammenarbeit mit einem bekannten Youtuber entwickelt wurde, war innerhalb von Stunden nach dem ersten Gespräch bereit für die Präsentation. Sein Rat an junge Vertriebsmitarbeiter ist, Beharrlichkeit zu zeigen, sich ständig weiterzuentwickeln und sich nicht von Rückschlägen entmutigen zu lassen. Er betont, dass ein erfolgreiches Vertriebsmanagement sowohl effizientes Marketing als auch eine sorgfältige Qualifizierung und Priorisierung von Leads umfasst. In seiner Branche, der Verlagsbranche, ist die Geschwindigkeit und ein gutes Preis-Leistungs-Verhältnis entscheidend. Weiner glaubt, dass persönliche Gespräche für den Abschluss großer Verträge unerlässlich sind, trotz der gegenwärtigen Tendenz zur Digitalisierung in der Bildungsbranche.

21
Danksagung

Mein persönlicher Dank gilt den vielen Menschen, die mir in den letzten Jahren auf meinem Weg begegnet sind und mich dazu inspiriert haben, dieses Buch zu schreiben. Insbesondere denjenigen, die meine Karriere aktiv mitgestaltet und geprägt haben – als meine Kolleginnen und Kollegen, als meine Verkäuferinnen und Verkäufer oder als meine Mitarbeiterinnen und Mitarbeiter in meinen unterschiedlichen Unternehmen und Teams. Erfolgreiche Vertriebsführung hängt insbesondere davon ab, mit dem eigenen Team einen gemeinsamen Weg zu finden, gemeinsame Werte zu definieren und mit gemeinsamen Regeln und Strukturen Erfolge und Qualität im Einklang abzusichern und zu schützen.

Daher ist hervorragender Vertrieb stets das Ergebnis gemeinsamen Ringens und Arbeitens. Als Vertriebsführungskraft möchte ich insbesondere den verkäuferischen und vertrieblichen Führungswegbegleitern Danke sagen. Sie haben mein Denken und Handeln maßgeblich geprägt und in unserem Miteinander unfassbar viel Energie für den Vertrieb freigesetzt. Danke an Harald Wurst, Thomas Nytz und Marco Beckbissinger. Danken möchte ich auch den früheren Vorständen der damaligen LBS Baden-Württemberg Wolfgang Kaltenbach und Tilmann Hesselbarth sowie dem damaligen Regionaldirektor Jochem Frey für ihr Vertrauen und ihre Förderung zur Führungskraft mit 26 Jahren für eine der größten Vertriebseinheiten des Unternehmens. Und Danke an den Vorstandsvorsitzenden der Kreissparkasse Ludwigsburg, Dr. Heinz-Werner Schulte, für die gemeinsamen Erfolge und die große Unterstützung, die ich von ihm erfahren darf und durfte. Meine Vertriebserfolge stehen auch in enger Verbindung zu den zahlreichen erstklassigen Verkäuferinnen und Verkäufern, die mich die letzten Jahre begleitet haben.

Mit denen ich gefeiert habe, mit denen ich mich gekappelt habe, mit denen ich gemeinsam unfassbare Erfolge erleben durfte. Euch an meiner Seite zu wissen, ist ein gutes Gefühl – in der Vergangenheit, Gegenwart und Zukunft. Stellvertretend hierfür möchte ich meinen Stellvertreter und Freund Alexander Krüger nennen. Wie beschrieben gelingt Vertrieb nur, wenn die Strukturen stimmen. Dafür Danke an mein TeamTobi der Epple Consulting GmbH und an die KOMPETENZ Expertenverlag GmbH, dafür, dass jeder Impuls (wirklich jeder!) seine Richtung findet und ihr daraus Großartiges entwickelt und gestaltet.

Aus tiefstem Herzen danke ich meiner Ehefrau, für ihre uneingeschränkte Unterstützung, fürs Auffangen, fürs Begeistern, fürs Mut machen und fürs Inspirieren. Du schaffst für mich und unsere beiden Söhne ein Zuhause, das für uns Rückzugsort und Energieladestelle zugleich ist. Danke auch an meine beiden Söhne Nico und Marco. Mit euren Augen die Welt zu sehen, macht mich glücklich und erfüllt mich noch mehr als die beruflichen Erfolge. Danke, dass ihr uns zeigt, was Glück bedeutet! Ganz besonders möchte ich mich auch bei meinen Kunden und Partnern in Wirtschaft, Gesellschaft und Politik bedanken. Einige von ihnen haben mit ihrem Beitrag in diesem Buch ihre Expertise nicht mehr nur in persönlichen Gesprächen geteilt, sondern jetzt auch mit der Öffentlichkeit.

Danke an meinen Freund Florian Höper und sein Team für die Unterstützung bei der Erstellung dieses Buches, auf der Suche nach vielen passenden Beispielen und der finalen Gestaltung der Sinfonie dieses Buches. Was wäre ein Buch, was wäre mein Buch ohne den besten Verlag der Welt?

Vielen Dank an den ForwardVerlag, dass wir jetzt mit dem zweiten Buch gemeinsam an den Start gehen. Ohne Daniel Weiner und sein Team gäbe es dieses Buch zwar auch, aber es wüssten sehr viel weniger Menschen davon. Wenn ich jemanden vergessen haben, so bitte ich um Verzeihung. Selbstverständlich danke ich auch Dir, lieber Leser, liebe Leserin für den Kauf dieses Buches und für Dein Vertrauen. Danke auch im Voraus für Deine Weiterempfehlung an die vielen Verkäuferinnen, Verkäufer und Führungskräfte in diesem Umfeld sowie Deine Amazon-Bewertung.

22
Über den Autor

Tobias Epple lebt viele Rollen aus, um seinen vielfältigen Interessen gerecht zu werden. Bei der Landesbausparkasse Südwest
leitet er als Bezirksdirektor ein Erfolgsteam
aus 32 motivierten Handelsvertretern. Un-
ternehmerisch ist Tobias als Geschäftsführer der Epple Consulting Group GmbH tätig sowie als Gründer des „Kompetenzzentrum für Führung und Vertrieb" und Her-

ausgeber des Expertenmagazins „Kompetenz". Zusätzlich veröffentlicht er
mit diesem Buch bereits seinen dritten Ratgeber als Autor. Tobias professionelle Laufbahn kreist um die folgenden Themen: Vertrieb, Führung, Personalentwicklung und Unternehmensstrategie. Seine Freizeit verbringt er mit
seinen zwei Kindern und seiner Frau. Außerdem engagiert Tobias sich sozi-
al für die Kinderkrebs-Nachsorgeklinik in Tannheim und für weitere lokale
Stiftungen in seiner Region. Durch seine Erfahrungen und herausragenden
Erfolge als Verkäufer – 16 Jahre in einem Handelsvertretervertrieb, fünf Jahre Führungskompetenz in einem Team mit mehr als 70 Mitarbeitern, jüngs-
ter Bezirksdirektor der LBS Südwest – kann er bereits auf eine umtriebige
Geschichte zurückblicken. Seine Kunden und Partner schätzen Tobias vor

allem für seine Klarheit und seine soziale Kompetenz. Ein Kunde der Epple Consulting Group beschreibt die Zusammenarbeit mit Tobias wie folgt: „Tobias Epple bringt die Dinge auf den Punkt. Seine direkte Art lässt wenig Spielraum für Interpretation und sorgt für Klarheit.

Er hat immer die Weiterentwicklung im Blick und legt den Finger in die Wunde. Er ist begeisternd, kritikfähig, hat das Ziel stets im Blick und steht hinter seinen Entscheidungen. Die Zusammenarbeit hat immer Spaß gemacht und jeden Beteiligten auf ein neues Level gebracht." Tobias stammt aus einer klassischen Unternehmerfamilie: Die Großeltern gründeten das Familienunternehmen und vermittelten dem Enkel die Tugenden des deutschen Unternehmertums. Erfolge und Krisen des großelterlichen Stuckateurbetriebs waren oft Gesprächsthema am Küchentisch.

Statt für schnelles Geld und scheinheilige Anerkennung stand das Familienunternehmen von jeher für Hemdsärmel hochkrempeln, ehrliche Arbeit und Erfolg durch Fleiß. Deswegen weiß Tobias Epple, wie essenziell Klarheit und Aufrichtigkeit im Umgang miteinander sind. Selbst, wenn es unbequem wird und überhaupt nicht das ist, was man gerne hören möchte. Seine Großeltern haben Tobias Epple stark geprägt. Nicht zuletzt deswegen haben bei ihm konservative Unternehmertugenden einen hohen Stellenwert, verknüpft mit den Errungenschaften der Digitalisierung.

Als Gründer des „Kompetenzzentrum für Führung und Vertrieb" hat Tobias bereits hunderte Unternehmer, Handelsvertreter, Führungskräfte und Geschäftsführer bzw. Vorstände in Veränderungsprozessen und bei Neu-Positionierungen begleitet. Aus vielen Gesprächen mit seinen Klienten sind ihm die Ängste und die mangelnde Orientierung vieler Unternehmer gegenüber einer blinden Digitalisierung sehr vertraut. Als Autor teilt Tobias Epple seine Erfolgsphilosophie, mit der er selbst zum Vertriebsüberflieger wurde und bereits hunderte Top-Verkäufer ausgebildet hat. In seinen mittlerweile drei Büchern bereitet Tobias seine Erfahrung aus Vertrieb, Geschäftsführung und Beratung für seine Leser spannend und lehrreich auf. In seinem ersten Buch „Was Elon Musk von meiner Oma lernen kann" beschäftigt Tobias sich damit, die Führungsqualitäten und Werte von erfolgreichen Unternehmern wie Elon Musk, Mark Zuckerberg und Bill Gates zu untersuchen und mit traditionellen Tugenden des Erfolgs zu vergleichen. Der Autor stellt dabei zehn Tugenden vor, die bereits von früheren Generationen angewendet wurden, um erfolgreich zu sein. Das Buches ist zeitgleich Ratgeber und Analyse, ob die Handlungen und Entscheidungen der modernen Unternehmer mit diesen Tugenden vereinbar sind und ob sie als Vorbilder für angehende Unternehmer dienen können.

Das Buch „Verkaufen mit Herz" erläutert, inwiefern jeder von uns in irgendeiner Form verkaufen muss, sei es das eigene Produkt, die eigene Idee oder die eigene Person. Es geht darum, wie man ohne Manipulation, Verstellung oder aufdringliches Auftreten erfolgreich verkaufen kann, indem man seine Werte wahrt und direkt, ehrlich und effizient vorgeht. Das Buch enthält praktische Tipps, um Fehler und Risiken beim Verkaufen zu vermeiden und zeigt auf, wie man am Telefon, digital und in den Sozialen Medien ehrlich und effizient verkaufen kann.

„Chefsache Vertrieb" richtet sich an alle, die bereits im Vertrieb tätig sind und ihre Fähigkeiten verbessern möchten. Es geht darum, dass viele CEOs den Vertrieb an externe Partner oder isoliert agierende Abteilungen delegieren, was dazu führt, dass die Vertriebskompetenz im Unternehmen abnimmt. Tobias argumentiert, dass Vertriebsorientierung und CEO-Beteiligung an Vertriebsprozessen entscheidend für den Unternehmenserfolg sind und dass der Vertrieb das Herz eines jeden Unternehmens ist. Basierend auf dem Prinzip „Verkaufen mit Herz" erklärt das Buch, warum Vertrieb wieder in den Mittelpunkt des Unternehmens gestellt werden sollte und wie man Vertriebskompetenz und eine wertebasierte Vertriebskultur aufbauen und pflegen kann, um Kundenloyalität und Umsatz effektiv und nachhaltig zu steigern.

Tobias sagt von sich selbst: „Ich habe nie aufgehört, dazuzulernen und be-
absichtige auch nicht, dies in Zukunft zu tun." In diesem Sinne sind weitere
spannende Projekte bereits in Vorbereitung.

Linkedin: Tobias Epple
www.linkedin.com/in/tobiasepple/

www.tobiasepple.de

„Ein gesuchter Referent"
Sonderausgabe die Macher der Stuttgarter Nachrichten

„Tobias Epple zählt zu den führenden Referenten"
Ludwigsburger Kreiszeitung

„Tradition geht auch digital"
Founders Magazin

Weitere Publikationen und Presseberichte in:
aktiencheck.de
Braunschweiger Zeitung
Wolfsburger Nachrichten
Saarbruckener Allgemeine
Vaihinger Kreiszeitung
Bietigheimer Zeitung
Kompetenz das Expertenmagazin
blickpunktdeutschland.de
finanznachrichten.de
nachrichten-heute.de
guetsel.de

Amazon Bestseller Autor in den Kategorien:
#Vertrieb #Verkaufen #Telefonmarketing #Produktmarketing
#Sozialwissenschaften

Tiger Award Winner „Bestseller des Jahres 2023"

23
Quellen und Verweise

Endnoten

[1]https://de.statista.com/statistik/daten/studie/3979/umfrage/e-commerce-umsatz-in-deutschland-seit-1999/, aufgerufen am 20.03.2023 um 08.34 Uhr

[2]https://www.bundesgesundheitsministerium.de/themen/gesundheitswesen/gesundheitswirtschaft/bedeutung-der-gesundheitswirtschaft.html,aufgerufen am 08.04.2023 um 08.34 Uhr

[3] https://www.pipedrive.com/en/blog/motivational-sales-quotes, aufgerufen am 18.04.2023 um 10.17 Uhr.

[4]https://insideevs.com/news/317209/tesla-model-s-over-2400-sold-2750-built-in-last-quarter-of-2012/, aufgerufen am 03.03.2023 um 07.34 Uhr

[5]https://www.greencarcongress.com/2014/02/20140220-tesla.html#, aufgerufen am 20.03.2023 um 08.37 Uhr

[6]https://www.cio.de/a/blackberry-vom-ueberflieger-zum-uebernahmekandidat,3102876, aufgerufen am 17.03.2023 um 16.28 Uhr

[7]https://www.mageplaza.com/blog/nike-marketing-strategy.html, aufgerufen am 17.03.2023 um 17.28 Uhr

[8]https://appleinsider.com/articles/18/12/05/steve-jobs-took-weekly-hands-on-role-in-first-apple-store-design-says-former-retail-head-ron-johnson, aufgerufen am 17.03.2023 um 08.45 Uhr.

[9]https://getjerry.com/electric-vehicles/tesla-dog-mode, aufgerufen am 20.04.2023 um 08.33 Uhr

[10]https://footwearnews.com/2019/business/retail/zappos-customer-service-stories-calls-1202778070/, aufgerufen am 17.03.2023 um 07.48 Uhr

[11] https://www.zippia.com/zappos-com-careers-1558254/demographics/, aufgerufen am 17.04.2023 um 07.34 Uhr

[12] https://www.trigema.de/produktion/produktionsprozess/, aufgerufen am 15.03.2023 um 08.34 Uhr

[13] https://www.businessinsider.de/wirtschaft/handel/ich-war-bei-trigema-einkaufen-und-an-der-kasse-stand-wolfgang-grupp-hoechstpersoenlich-r1/, aufgerufen am 08.03.2023 um 08.23 Uhr

[14] https://www.merkur.de/deutschland/baden-wuerttemberg/wolfgang-grupp-hubschrauber-trigema-chef-geld-interview-schwabe-bwg-92021178.html, aufgerufen am 08.03.2023 um 08.38 Uhr

[15] https://de.statista.com/statistik/daten/studie/860676/umfrage/umsatz-von-trigema/, aufgerufen am 03.03.2023 um 08.23 Uhr

[16] https://books.google.se/books?id=Tj18DwAAQBAJpg=PA24lpg=PA24dq=, aufgerufen am 07.03.2023 um 14.03 Uhr

[17] https://wuerth-gruppe.ch/de/unternehmen/wuerth-weltweit/, aufgerufen am 15.03.2023 um 08.37 Uhr

[18] https://electrek.co/2019/07/18/elon-musk-tesla-vehicles/, aufgerufen am 18.03.2023 um 08.34 Uhr

[19] https://www.zeit.de/2022/10/richard-lutz-deutsche-bahn-verspaetungen-klimaschutz, aufgerufen am 07.03.2023 um 08.23 Uhr

[20] https://www.welt.de/newsticker/dpa_nt/infoline_nt/thema_nt/article114260769/Die-ewig-unvollendete-Karriere-des-Hartmut-Mehdorn.html, aufgerufen am 16.03.2023 um 07.34 Uhr

[21] https://www.morgenpost.de/berlin/article235982433/Unruhegeist-im-Ruhestand-Hartmut-Mehdorn-wird-80.html, aufgerufen am 16.04.2023 um 07.38 Uhr

[22] https://www.npr.org/2023/03/08/1161905306/adidas-ye-kanye-west-yeezy-loss, aufgerufen am 08.03.2023 um 10.37 Uhr

[23] https://www.faz.net/aktuell/wirtschaft/adidas-trennt-sich-von-seinem-chef-kasper-rorsted-18261011.html: :text=Der%20Chef%20wird%20das%20Unternehmen,Dax%2DKonzern%20am%20Montag%20bekannt, aufgerufen am 24.05.2023 um 11:56; https://www.faz.net/aktuell/wirtschaft/unternehmen/puma-chef-gulden-wechselt-direkt-zu-adidas-rorsted-geht-frueher-18445388.html, aufgerufen am 24.05.2023 um 11:56

[24] https://www.loveforporsche.com/wendelin-wiedeking-2/, aufgerufen am 18.03.2023 um 14.23 Uhr

[25] https://edition.cnn.com/2019/03/05/tech/tesla-store-closings/index.html, aufgerufen am 15.04.2023 um 17.37 Uhr

[26] https://electrek.co/2021/07/28/tesla-tsla-major-shift-retail-strategy-cheaper-locations-remote-working/, aufgerufen am 13.04.2023 um 16.45 Uhr

[27] https://electrek.co/2021/07/28/tesla-tsla-major-shift-retail-strategy-cheaper-locations-remote-working/, aufgerufen am 13.04.2023 um 16.48 Uhr

[28] https://optiwatt.com/blog/how-many-tesla-stores-are-there-around-the-world, aufgerufen am 15.03.2023 um 16.30 Uhr

[29] https://www.azquotes.com/quote/132524, aufgerufen am 15.03.2023 um 15.34 Uhr

[30] https://www.brightlocal.com/research/local-consumer-review-survey/, aufgerufen am 28.04.2023 um 17.23 Uhr

[31] https://www.leadersnet.at/news/67808,ritter-sport-bringt-die-fernweh-edition-in-den-handel.html, aufgerufen am 17.04.2023 um 07.23 Uhr

[32] https://www.nytimes.com/2022/04/17/business/disney-politics-florida.html, aufgerufen am 16.03.2023 um 16.45 Uhr

[33] https://thewaltdisneycompany.com/the-walt-disney-company-board-of-directors-appoints-robert-a-iger-as-chief-executive-officer/, aufgerufen am 08.03.2023 um 08.23 Uhr

[34] https://www.nytimes.com/2022/04/17/business/disney-politics-florida.html, aufgerufen am 15.03.2023 um 14.38 Uhr

[35] https://www.capital.de/leben/wie-das-kadewe-sich-gegen-die-zeichen-der-zeit-stemmt, aufgerufen am 27.04.2023 um 07.47 Uhr

[36] https://ecomento.de/2022/10/27/vw-will-ab-2033-in-europa-nur-noch-elektroautos-bauen/, aufgerufen am 17.03.2023 um 15.28 Uhr

[37] https://www.sueddeutsche.de/wirtschaft/handelsunternehmen-das-teure-nachspiel-der-neckermann-pleite-1.3957984, aufgerufen am 18.03.2023 um 18.23 Uhr

[38] https://www.wiwo.de/unternehmen/handel/details-aus-insolvenzakten-warum-neckermann-nicht-zu-retten-war/8786524.html, aufgerufen am 17.04.2023 um 07.48 Uhr

[39] https://www.bw24.de/stuttgart/porsche-ag-stuttgart-modell-911-typ-964-bunt-farben-sportwagen-vielfalt-sammler-e-autos-nachhaltigkeit-91169543.html, aufgerufen am 17.04.2023 um 07.45 Uhr

[40] https://newsroom.porsche.com/de/2021/unternehmen/porsche-steigerung-auslieferungen-quartal-3-2021-26062.html, aufgerufen am 17.03.2023 um 07.48 Uhr

[41] https://www.mainstreethost.com/blog/17-customer-service-quotes-every-business-live/, aufgerufen am 17.04.2023 um 16.23 Uhr

[42] https://about.netflix.com/de, aufgerufen am 28.04.2023 um 08.45 Uhr

[43] https://www.spiegel.de/auto/aktuell/20-jahre-elchtest-der-crash-der-die-autogeschichte-veraenderte-a-1173529.html, aufgerufen am 17.03.2023 um 17.49 Uhr

[44] https://www.spiegel.de/panorama/elon-musk-verkauft-flammenwerfer-und-verdient-millionen-a-00000000-0003-0001-0000-000002058498, aufgerufen am 16.03.2023 um 14.57 Uhr

[45] https://www.inc.com/peter-economy/11-elon-musk-quotes-that-will-push-you-to-achieve-impossible.html, aufgerufen am 16.04.2023 um 07.47 Uhr

[46] https://get.nicejob.com/resources/120-helpful-customer-service-quotes-from-the-pros, aufgerufen am 16.04.2023 um 13.48 Uhr

[47] https://de.statista.com/statistik/daten/studie/1224/umfrage/arbeitslosenquote-in-deutschland-seit-1995/, aufgerufen am 07.03.2023 um 08.23 Uhr

[48] https://libertymind.co.uk/the-cult-of-wework-a-culture-lesson-for-every-visionary-unicorn/, aufgerufen am 07.03.2023 um 08.23 Uhr

[49] https://www.youtube.com/watch?v=ph5jj4XQnwM, aufgerufen am 25.02.2023 um 14.08 Uhr

[50] https://www.manager-magazin.de/unternehmen/artikel/was-waere-schrauben-milliardaer-reinhold-wuerth-ohne-seine-verkaeufer-a-1304331.html, aufgerufen am 04.03.2023 um 08.23 Uhr

[51] https://www.die-hoehle-der-loewen.de/ankerkraut/, aufgerufen am 04.03.2023 um 07.46 Uhr

[52] https://www.merkur.de/wirtschaft/ankerkraut-nestle-hoehle-der-loewen-uebernahme-gewuerze-start-up-zr-91477803.html, aufgerufen am 04.03.2023 um 08.19 Uhr

[53] https://crm.consulting/blog/salesforce-statistics-guide-2022/, aufgerufen am 01.03.2023 um 14.15 Uhr

[54] https://fortune.com/ranking/worlds-best-workplaces/2020/salesforce/, aufgerufen am 01.03.2023 um 16.08 Uhr

[55] https://www.overallmotivation.com/quotes/marc-benioff-quotes/, aufgerufen am 01.03.2023 um 15.23 Uhr

[56] https://www.theguardian.com/technology/2017/sep/01/juicero-silicon-valley-shutting-down, aufgerufen am 01.03.2023 um 18.12 Uhr

[57] https://www.wsj.com/livecoverage/elizabeth-holmes-sentencing-theranos-trial/card/government-says-every-theranos-investor-was-defrauded-regardless-of-motivations-UYThnrAy3tXPUmwsJOLd, aufgerufen am 03.03.2023 um 07.23 Uhr

[58] https://techcrunch.com/2012/02/01/facebook-ipo-facebook-ipo-facebook-ipo/?guccounter=1guce_referrer=aHR0cHM6Ly93d3cuZ29vZ2xlLmNvbS8&guce_referrer_sig=AQAAAHbQ_VpJa_zyTqixTzlle1Rv0vLJBCM0dJnVseqUd0o0sMOeXVlkZNZpJuWZQ20oxcGXBXKWO1zYBHyAaD6F4CSiVDjNBczhbxBPQocs5gDp778_Ip-VCp26Ha7_AyGzDrHTEahHcn0gTHl8jpUfOfzVG9uxiA5WQoCurbOfz0Iw, aufgerufen am 02.03.2023 um 16.23 Uhr

[59] https://unternehmen.rossmann.de/ueber-uns/unsere-geschichte.html., aufgerufen am 03.03.2023 um 07.23 Uhr

[60] https://www.merkur.de/wirtschaft/aldi-sued-nord-geschichte-discounter-dynastie-theo-karl-albrecht-13302722.html, aufgerufen am 03.03.2023 um 17.46 Uhr

[61] https://markusreimer.com/zitate-markus-reimer/

[62] https://beruhmte-zitate.de/autoren/gotz-werner/, aufgerufen am 14.03.2023 um 15.47 Uhr

[63]https://www.cnbc.com/2017/02/01/why-pepsico-ceo-indra-nooyi-writes-letters-to-her-employees-parents.html, aufgerufen am 07.03.2023 um 08.23 Uhr

[64] https://www.businessinsider.com/zappos-customer-service-crm-2012-1, aufgerufen am 17.04.2023 um 08.34 Uhr

[65]https://clean.email/how-to-unsubscribe-from-emails/unsubscribe-from-wish-emails, aufgerufen am 18.03.2023 um 08.49 Uhr

[66] https://teambuilding.com/blog/customer-service-quotes, aufgerufen am 18.03.2023 um 08.49 Uhr

[67]https://www.statista.com/statistics/289363/starbucks-advertising-spending-worldwide/, aufgerufen am 08.03.2023 um 07.38 Uhr

[68]https://www.starbucks.de/rewards, aufgerufen am 17.04.2023 um 07.23 Uhr

[69]https://www.statista.com/statistics/289363/starbucks-advertising-spending-worldwide/, aufgerufen am 08.03.2023 um 07.38 Uhr, aufgerufen am 08.03.2023 um 08.23 Uhr

[70]https://www.business-wissen.de/artikel/kundenbindung-sind-die-kunden-schon-zu-verwoehnt/, aufgerufen am 08.03.2023 um 07.28 Uhr

[71]https://www.wuerth.de/web/de/awkg/services_link/service/liefermoeglichkeiten.php, aufgerufen am 16.04.2023 um 16.34 Uhr

[72]https://www.marke41.de/content/vertriebsorientierung-als-wettbewerbsfaktor-fallstudie-wuerth, aufgerufen am 07.03.2023 um 07.34 Uhr

[73]https://www.unilever.com/news/press-and-media/press-releases/2016/unilever-acquires-dollar-shave-club/, aufgerufen am 17.03.2023 um 13.23 Uhr

[74]https://www.eqs-news.com/news/corporate/mymuesli-gmbh-mymuesli-reports-strong-and-profitable-growth-in-2020-digital-first-strategy-boosts-growth-during-covid-19-pandemic/1454188, aufgerufen am 18.03.2023 um 08.49 Uhr

[75]https://www.spiegel.de/wirtschaft/unternehmen/made-home24-mit-moebel-start-ups-im-netz-haben-kunden-oft-probleme-a-1219424.html, aufgerufen am 18.03.2023 um 09.17 Uhr

[76]https://www.brainyquote.com/quotes/bill_gates_104353?src=t_technology, aufgerufen am 17.03.2023 um 09.48 Uhr

[77]https://www.dailymail.co.uk/news/article-2300905/IKEA-magnate-Ingvar-Kamprad-lives-modest-house-eats-stores-cafe-shops-local-market.html, aufgerufen am 18.03.2023 um 09.48 Uhr

[78]https://www.youtube.com/watch?v=9I1Rq1KjEMI, aufgerufen am 17.03.2023 um 08.34 Uhr

[79]https://aeroreport.de/de/good-to-know/before-the-flight-to-do-listen-der-sicherheit-zuliebe, aufgerufen am 30.03.2023 um 16.23 Uhr

[80] https://brandminds.com/108-top-insights-on-generation-x-y-z-and-alpha/, aufgerufen am 17.03.2023 um 16.47 Uhr

[81] https://teambuilding.com/blog/customer-service-quotes, aufgerufen am 18.03.2023 um 08.38 Uhr

[82] https://www.jdsupra.com/legalnews/florida-court-awards-ftc-25m-against-72439/, aufgerufen am 16.04.2023 um 07.38 Uhr

[83] https://twitter.com/rosabethkanter/status/704699121295302656, aufgerufen am 18.03.2023 um 08.37 Uhr

[84] https://www.brainyquote.com/quotes/elon_musk_567271, aufgerufen am 16.04.2023 um 16.28 Uhr

[85] https://www.goodreads.com/quotes/25106-do-one-thing-every-day-that-scares-you, aufgerufen am 16.03.2023 um 13.04 Uhr

[86] https://happyproject.in/resilience-quotes/?utm_content=cmp-true, aufgerufen am 07.04.2023 um 14.23 Uhr

[87] https://www.pinterest.se/pin/622270873484992051/, aufgerufen am 17.03.2023 um 08.34 Uhr

[88] https://www.thecorporategovernanceinstitute.com/insights/lexicon/what-does-culture-eats-strategy-for-breakfast-mean/, aufgerufen am 03.03.2023 um 08.23 Uhr

[89] https://www.amazon.com/Learned-Optimism-Change-Your-Mind/dp/1400078393, aufgerufen am 28.03.2023 um 09.34 Uhr; Vgl. Seligman, M. E., Schulman, P. (1986). Explanatory style as a predictor of productivity and quitting among life insurance sales agents. Journal of Personality and Social Psychology, 50(4), 832–838

[90] https://readwrite.com/the-amazing-success-story-of-basketball-player-kobe-bryant/, aufgerufen am 28.03.2023 um 16.34 Uhr

[91] https://www.yardbarker.com/nba/articles/kobe_bryant_shares_motivational_story_about_his_childhood_struggles_i_grew_up_in_italy_with_no_friends/s1_16751_35991317, aufgerufen am 29.03.2023 um 14.32 Uhr

[92] https://eu.usatoday.com/story/sports/nfl/columnist/mike-jones/2020/01/26/kobe-bryant-mamba-mentality-determination-nfl-players/4584774002/, aufgerufen am 28.03.2023 um 15.23 Uhr

[93] https://m.allfootballapp.com/news/Headline/Scolari-says-Ronaldo-might-not-be-the-most-talented-player-he-has-coached/2767066, aufgerufen am 17.03.2023 um 08.34 Uhr

[94] https://www.americanexpress.com/en-us/business/blueprint/resource-center/grow/100-quotes-from-successful-entrepreneurs/, aufgerufen am 17.03.2023 um 08.30 Uhr

[95] https://www.passion-profit.com/als-berater-mehr-auftraege-gewinnen/, aufgerufen am 03.03.2023 um 08.23 Uhr

[96] https://blog.hubspot.com/sales/motivational-quotes-sales-drive-2015, aufgerufen am 17.03.2023 um 08.34 Uhr

[97] https://www.walmartmuseum.com/content/walmartmuseum/en_us/timeline/decades/1980/artifact/2648.html, aufgerufen am 19.03.2023 um 08.34 Uhr

[98] https://www.usfunds.com/resource/top-10-largest-fortune-500-employers-in-the-us/, aufgerufen am 18.03.2023 um 08.34 Uhr

[99] https://www.wienerzeitung.at/252926, aufgerufen am 28.03.2023 um 08.37 Uhr

[100] https://mag.toyota.co.uk/kaizen-toyota-production-system/, aufgerufen am 17.03.2023 um 08.34 Uhr

[101] https://inspirecast.ca/author/stephenchogan/, aufgerufen am 10.03.2023 um 15.34 Uhr

[102] https://tribemineblog.com/51-inspirational-networking-quotes/, aufgerufen am 17.03.2023 um 08.39 Uhr

[103] https://www.azquotes.com/author/17770-Karen_Joy_Fowler, aufgerufen am 08.03.2023 um 09.38 Uhr

[104] https://www.talent-placement.com/mitarbeiter-kuendigen-wie-fuehrungskraefte-und-personalisten-diese-aufgabe-richtig-meistern-koennen/, aufgerufen am 16.04.2023 um 07.34 Uhr

[105] https://www.investopedia.com/terms/1/80-20-rule.asp, aufgerufen am 07.04.2023 um 07.48 Uhr

[106] https://conantleadership.com/25-quotes-about-managing-change/, aufgerufen am 07.03.2023 um 16.36 Uhr

[107] https://hbr.org/2014/05/you-cant-delegate-change-management, aufgerufen am 16.03.2023 um 17.03 Uhr

[108] https://twitter.com/HRquote/status/835935290372026368, aufgerufen am 17.03.2023 um 14.17 Uhr

[109] https://www.merkur.de/wirtschaft/adler-insolvenz-pleite-birgit-schrowange-mode-coronavirus-krise-zr-90164134.html, aufgerufen am 16.03.2023 um 17.04 Uhr

[110] https://www.welt.de/wirtschaft/article171489749/Warum-Birkenstock-jetzt-der-Geduldsfaden-reisst.html, aufgerufen am 25.02.2023 um 15.04 Uhr

[111] https://medium.com/mybenziger/life-begins-at-the-end-of-your-comfort-zone-e2aeb574419b, aufgerufen am 15.03.2023 um 14.03 Uhr

[112] Nach Idee und Konzept von Horst Franke, Düsseldorf

Dir hat das Buch gefallen?

Wir freuen uns über jede Rezension bei Amazon.

Mit deiner Rezension unterstützt du uns, bei Amazon eine verbesserte Sichtbarkeit zu erhalten. Dies hilft vielen Menschen sehr weiter.

Sende uns gerne eine E-Mail mit einem Screenshot von deiner Bewertung bei Amazon und erhalte ein tolles Geschenk von uns.

E-Mail: info@forwardverlag.de

Du hast Interesse an unseren Büchern?

Zum Beispiel als Geschenk für Deine Kunden oder Mitarbeiter?

Dann fordere unsere attraktiven Sonderkonditionen an.

info@forwardverlag.de

Amazon Bestseller

"Verkaufen mit Herz: Direkt. Ehrlich. Effizient"
von Tobias Epple

Jeder von uns muss verkaufen, sei es das Produkt der Firma oder sich selbst im Bewerbungsgespräch, bei einer Präsentation und im persönlichen Gespräch mit Partner, Kindern oder Freunden. Denn verkaufen ist nichts anderes als zu Überzeugen. Du teilst Deine Überzeugung von Deinem Produkt, Deiner Idee oder Deinen Werten so mit, dass andere sie verstehen. Doch wie geht das nun, ohne zu manipulieren? Ohne Dich unwohl zu fühlen? Ohne aufdringlich zu wirken? Kurzum: Wie kannst Du Deine Werte wahren und trotzdem gut verkaufen? All das lernst Du in diesem Buch.

ISBN: 9783987550201

www.forwardverlag.de

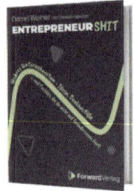    

Amazon Bestseller

"Keine Zeit - Bin im Stress" von Rainer Kapellen

Die Zeit läuft dir davon - und um alles zu bewältigen müsste dein Tag eigentlich 48 Stunden haben? Du bist im Stress?

In diesem Buch wird gezeigt, wie du mit Stresssituationen im Alltag umgehen kannst und wie solche Situationen vermieden werden können. Du findest viele kleine nützliche Tipps und Strategien, die du schnell und mühelos in deinen Alltag übernehmen kannst. Du lernst, wie du deinen Stress reduzierst. Du wirst ausgeglichen, vital, leistungsstark und bist voller Energie.

ISBN: 978-3947506880

www.forwardverlag.de

ABBILDUNG 23.1: TOPNSTUDIO 2

ForwardVerlag

"Du kannst nicht nicht verkaufen: Beruflicher und privater Erfolg dank der 22 Gesetze eines Topverkäufers" von Maurice Bork

Wir alle verkaufen. Wenn wir unserer Chefin erklären, warum wir eine Gehaltserhöhung verdienen. Wenn wir während eines Dates für uns werben. Oder wenn wir unsere Kinder für Brokkoli begeistern möchten. Ob wir es nun wahrhaben wollen oder nicht, am Ende verkaufen wir – unsere Argumente, unser Auftreten, unsere Ansichten. Sofern wir das verinnerlichen, so nützt uns diese Haltung in vielen Lebenslagen. Denn Verkaufen bedeutet in erster Linie, Menschen zu respektieren, ihre Handlungsweisen zu ergründen, um sie schließlich zu überzeugen.

ISBN: 3987550643

www.forwardverlag.de

ABBILDUNG 23.2: TOPNSTUDIO 2

"Entrepreneurshit - So präsentiert sich wahres Unternehmertum" von Daniel Weiner

Warum besitzt jeder von uns ein Wirecard-Gen? Was können wir von Joko Winterscheidt und Kevin Großkreutz übers Durchhalten lernen? Wieso kennt sich Christian Lindner so gut mit Dornen aus? Und weshalb wird in erfolgreichen Gründerstorys meist der Weg durch die Hölle ausgelassen?

Dieses Buch erzählt neben vielen positiven Geschichten aus dem Gründertum auch einiges über den wahrhaftigen Entrepreneurshit. Unverfälscht, unbekümmert, ungeprahlt, aber nicht unüberlegt.

ISBN: 978-3-947506-69-9

www.forwardverlag.de

ABBILDUNG 23.3: TOPNSTUDIO 2

ForwardVerlag

"Anstand statt Ellbogen: Wie Sie zu dem Menschen werden, dem Sie selbst gern begegnen möchten" von Birte Steinkamp & Clemens Graf von Hoyos

Wir sind Kniggetrainer und haben die Schnauze voll! Davon, dass uns von allen Seiten erzählt wird, wie wir uns zu verhalten und benehmen haben – ganz gleich, ob das einer überzogenen Erwartungshaltung oder persönlichen Glaubenssätzen entspringt.
Dieses Buch ist unsere Handreichung für einen bewussten und guten Umgang mit Menschen. Nicht um jeden Preis, aber aus eigener Überzeugung. Mithilfe unseres 4i-Modells – Ideale, Image, Interaktion und Instrumente – wird ein authentisch-professionelles Auftreten für Sie zur Selbstverständlichkeit.

ISBN: 3987550538

www.forwardverlag.de

ABBILDUNG 23.4: TOPNSTUDIO 2

"Ziele sind für Loser"
von Nicolas Kröger und Florian Höper

Wie Du durch die richtigen Gewohnheiten über Dich selbst hinauswächst und wahre Größe erreichst. Ein Buch für Menschen mit wahren Ambitionen.

ISBN: 978-3-98755-039-3

www.forwardverlag.de

ABBILDUNG 23.5: TOPNSTUDIO 2

ForwardVerlag

"Dieses Buch wird Dein Leben verändern" von Florian Höper

Es gibt ihn doch! Einen faszinierend einfachen Weg zum Glück. Dieses Buch ist wertvoller als ein Sechser im Lotto. Denn es kann Dein Leben mehr verändern als Millionen auf Deinem Konto es jemals könnten.

Was der Autor herausfand, ist so bahnbrechend wie erstaunlich zugleich: Glück und Erfolg sind viel einfacher zu erreichen als gedacht. Es ist nur so, dass die meisten von uns bisher völlig falsch an die ganze Sache herangegangen sind. Doch Du kannst es jetzt einfach richtig machen: Lass dieses Buch Dein Leben verändern. Denn auch Du hast Glück, Erfolg und Erfüllung verdient.

ISBN: 978-3-98755-038-6

www.forwardverlag.de

ABBILDUNG 23.6: TOPNSTUDIO 2